JN124582

量子鍵配送

基礎と活用法

佐々木 雅英　監修
一般社団法人 量子ICTフォーラム
量子鍵配送技術推進委員会　編

近代科学社 Digital

まえがき

　本書は、量子鍵配送技術の概要とその利用および運用に必要な内容をまとめたものである。読者としては、重要通信に携わる方々、情報セキュリティシステムの管理者、サイバーセキュリティ対策に携わる方々、セキュリティ技術の研究者や技術者の方々すべてを想定して書かれている。第1章では、量子鍵配送 (Quantum Key Distribution: QKD) の基礎と技術開発動向を概観する。第2章では暗号技術を取り巻く現状について整理し、その上で QKD の活用法について述べる。第3章では、QKD の原理と仕組み、およびネットワークの構成法について説明し、QKD プラットフォームというサービス基盤の概念を導入する。第4章ではすでに試験運用の段階まで来ている QKD プラットフォームを活用したセキュリティアプリケーションの事例を紹介する。第5章では、将来の応用に向けた展望と課題、特に分野連携で長期的に取り組むべき課題をまとめている。情報通信ネットワークのエンドユーザの方々は、第4章までを読めば、QKD の活用に必要な事項が概観できるようになっている。第5章はエンドユーザよりも、通信事業者の視点に立った QKD プラットフォームの活用法について検討している。そこでは、QKD プラットフォームを、通信事業者が運用しながら暗号鍵をエンドユーザへ提供する新しいインフラとして捉えている。そして、将来、QKD プラットフォームをどのように情報通信インフラに導入し、情報セキュリティを強化してゆくかについて検討している。

　本書は、一般社団法人量子 ICT フォーラムの量子鍵配送技術推進委員会のもとで、QKD の有効活用と普及およびさらなる発展を目指して、当該フォーラムの会員向けに編纂された技術文書が底本になっている。委員の方々と多くの議論を重ね、当該フォーラムの関係者から多くのご助言を頂きながらまとめたものである。委員と関係者諸氏に心から謝意を表したい。また、本書出版の機会を与えて頂いた株式会社 近代科学社に心から感謝の意を表する次第である。

著者を代表して

佐々木　雅英

目次

第4章　QKDを活用したセキュリティ強化の具体例

第5章　QKDの情報通信インフラへの応用

付録

第 1 章

QKDの基礎

1.1　量子鍵配送 (QKD) の技術開発動向

　量子鍵配送 (Quantum Key Distribution: QKD) は、理論上、いかな
る能力を持った第三者（盗聴者）にも情報を決して漏らすことなく暗号
鍵を離れた 2 地点間で共有する方法として、ベネット (C. H. Bennett) と
ブラサール (G. Brassard) によって 1984 年に提案された [4]。この方式
は BB84 プロトコルと呼ばれている。提案から約 10 年程はあまり大きな
関心を集めなかったが、1994 年に素因数分解問題や離散対数問題を効率
的に解く量子計算アルゴリズムが発見され [56]、現在インターネット上で
使われている鍵交換方式や暗号化方式に対する新たな脅威が現れたこと
で、一躍脚光を浴びることとなった。

　QKD の安全性は、解くことが難しい数学的問題に基づくものではな
く、搬送信号が従う量子力学という普遍の物理法則に基づくものである。
QKD では 0、1 の乱数列の情報を、量子力学的性質を適切に制御した信
号へ符号化して送り、通信路上での測定行為は信号状態に必ず痕跡を残す
という性質（不確定性原理）を利用して、共有した乱数列から盗聴可能性
のあるビットデータを排除することで、盗聴の恐れのない安全な乱数列を
共有することができる。実際、「物理法則上許されるどんな技術で QKD
の通信を盗聴したとしても、適切な信号処理（鍵蒸留処理）によって盗聴
者への漏洩情報量をいくらでも小さくすることができる」ということを情
報理論的手法によって証明することができる。このような安全性は情報理
論的安全性と呼ばれる（詳しくは 3.1 節を参照）。

　このようにして共有した暗号鍵を、送信したい平文と同じデータサイ
ズだけ用意して、平文のビットデータと排他的論理和を取って暗号文を生
成して送信し、一度使った暗号鍵は二度と使いまわさないように運用する
こと（いわゆるワンタイムパッド）により、いかなる能力の計算機や将来
の技術でさえも解読できない最強の暗号通信を実現することができる。

　QKD は本来、1 対 1 の鍵配送プロトコルであるが、複数の QKD 装置

を信頼できる局舎（トラステッドノード）[1] 内に設置し、ノードにおいて暗号鍵を隣り合う QKD 装置で生成されたもう一つの暗号鍵で暗号化しリレー配送を行うことで、QKD をネットワーク化し広域で安全な鍵交換を行うことが可能である（詳細は 1.3 節および 3.3 節を参照）。このような複数のトラステッドノードを QKD で接続してネットワーク化し、鍵リレーなどに必要な鍵管理機能を搭載したシステムを、一般に QKD ネットワークと呼ぶ。

これまで様々な機関によって研究開発が行われ、BB84 プロトコル以外にも新しいプロトコルが次々と発案されるとともに [19,54]、安全性証明や理論解析手法が進展し、装置性能も向上してきた。2000 年代後半から欧米でいくつかのベンチャー企業が誕生し、QKD 装置の商用化に成功している [26,35,47]。2005 年には、アメリカ国防総省・国防高等研究計画局 (DARPA) の支援を受けたプロジェクト (The DARPA Quantum Network) が世界初の都市圏 QKD ネットワークをボストン地区に構築した。3 地点を結ぶリング型のネットワークで、鍵生成速度は約 10km の敷設ファイバー上で毎秒 1000 ビット (1k bits per second: 1kbps) 程度であった [13]。2008 年には、欧州連合の研究開発プロジェクト SECOQC (Secure Communication based on Quantum Cryptography) がウィーン市内に 6 地点を結んだ都市圏 QKD ネットワークを構築し、様々な異なる方式の QKD 装置を相互接続する実証デモに成功した。典型的な鍵生成レートは、約 30km の敷設ファイバー上で 1kbps 程度であり、音声の暗号通信などが実証された [42]。その後、欧州では SECOQC の成果を核にして、欧州電気通信標準化機関 (ETSI) において QKD の標準化に向けた取り組みを進めている [44]。

我が国では、2001 年から総務省と独立行政法人（現在、国立研究開発法人）情報通信研究機構 (NICT) が産学官連携プロジェクトを推進し、それまでの QKD 装置の鍵生成レートを一気に 100 倍向上させ、2010 年には産学官連携チームが東京圏に 6 つのノードからなる鍵交換網のテスト

1　盗聴者の侵入や攻撃ができないように QKD の運用者によって厳格に管理された局舎内の区域を指す。

ベッド Tokyo QKD Network を構築し、世界で初めて QKD による動画の秘匿伝送の実証に成功した [51]。

2011 年度から 2015 年度の 5 年間は NICT 委託研究「セキュアフォトニックネットワーク技術の研究開発」(No.157) というプロジェクトのもとで、QKD システムの試験運用と安全性評価技術の開発、フォトニック秘匿通信技術（特に、量子ストリーム暗号）などの基盤技術の研究開発が行われた [59]。また、QKD ネットワークから供給される暗号鍵を用いた新しいアプリケーションの開発も行われ、これまでにネットワークスイッチ [16,36]、スマートフォン [49]、ドローン [40,50] など様々な情報通信機器へのアプリケーションプログラムインターフェース (API) が開発されている。鍵配送機能と鍵管理機能のほかに、様々な API を搭載したネットワークソリューションは QKD プラットフォームと呼ばれ [52,53,57]、すでに Tokyo QKD Network 上で試験運用されている。ユーザはその詳細な中身を知らなくても、QKD プラットフォームを追加ツールとして導入し API を情報通信機器にインストールすることで、既存のセキュリティシステムの機能はそのまま維持しつつ、情報理論的に安全な暗号鍵を様々な情報通信端末間で交換できるようになり、システム全体のセキュリティを強化することができる。

2015 年からは QKD 装置をユーザ環境下に移設して、実用レベルでの評価実験が始まった。日本電気（株）(NEC) は、都内某所にあるサイバーセキュリティ対策の中核拠点「サイバーセキュリティ・ファクトリー」で、サイバー脅威情報の暗号通信に向けた評価実験を 2015 年 7 月から行った [39]。（株）東芝は、仙台市の東芝ライフサイエンス解析センターと東北大学東北メディカル・メガバンク機構間の 7km の回線で、解析データの暗号化通信実験を 2015 年 8 月から行っている [67]。これらの QKD 装置は、海外のベンチャー企業の製品より、鍵生成レートにおいて 50 倍以上高速であり、光損失率 0.2dB/km の標準的な光ファイバーでは伝送距離 50km で約 1Mbps、東京圏の実際の敷設環境での商用ファイバー（平均光損失率 0.5dB/km 以上）では伝送距離 50km で数 100kbps である。

一方、中国では、中国科学技術大学が主導する国家プロジェクトが北京市、済南市、合肥市、上海市にそれぞれ 50 ノード規模の都市圏 QKD

ネットワークを構築し、さらにそれらを計 32 個の中継ノードでリレーにより結ぶ総延長 2000km の QKD バックボーンを 2016 年に構築して、国家スケールの超高秘匿通信インフラを完成させ [65]、新華社通信、中国工商銀行、国家電網公司などの国営企業が利用を開始した [66]。またアメリカでは、バテル (Battelle) 社がスイスのベンチャー企業 ID Quantique 社と共同で 700km に及ぶ都市間 QKD ネットワークを構築し、非営利団体にオープンテストベッドとして開放する計画を発表している [62]。

さらに、中国は 2017 年 7 月に低軌道衛星と地上局間での衛星量子暗号を世界で初めて実証したほか [32]、2018 年 1 月には、オーストリアと共同で中国と欧州の 7600km 離れた地上局間で衛星を介した鍵共有に成功している [31]。

2018 年に入ると、大手通信キャリアがベンチャー企業に巨額の投資を行い、本格的な実証試験を開始した。例えば、韓国の SK Telecom が 2 月に ID Quantique 社に 6500 万ドル（約 71 億円）を出資したほか [27]、3 月にはブリティッシュテレコムがイギリス初の量子暗号網を Cambridge と Ipswich 間に構築することを発表 [1]、6 月にはテレフォニカファーウェイ、マドリード工科大学が商用網で量子暗号の実証試験を開始 [60]、Quantum Xchange 社が Wall Street 金融市場向けに量子暗号サービスを発表 [46]、7 月にはドイツテレコムが実証通信網に SK Telecom、ID Quantique の量子暗号システムを導入することを発表している [64]。

我が国においては、内閣府 SIP プログラム「光・量子を活用した Society 5.0 実現化技術」（2018 〜 2022 年度）、総務省「衛星通信における量子暗号技術の研究開発「（2018 〜 2023 年度）、総務省「グローバル量子暗号通信網構築のための研究開発」（2020 〜 2024 年度）、総務省「グローバル量子暗号通信網構築のための衛星量子暗号技術の研究開発」（2021 〜 2025 年度）などの国家プロジェクトが推進され、QKD の研究開発や社会実装が進められてきた。2020 年 10 月には、（株）東芝が QKD のシステムインテグレーション事業を国内外で順次開始すると発表するとともに、2021 年 4 月から国内初となる実運用環境下での実証事業を情報通信研究機構から受注し、政府機関とともに実証試験を実施している。

QKD の標準化活動も 2018 年以降急速に活発化している。前述の 2008

年から続く ETSI における標準化活動のほか、新たに国際標準化機構
(ISO)/国際電気標準会議 (IEC) の第一合同技術会議 (JTC 1)、 さらには
国際電気通信連合–電気通信標準化部門 (ITU-T) といった国際標準化団体
において、QKD 装置の安全性評価や QKD ネットワークに関する標準化
活動が始まり、基本勧告群が整備されている。その詳細については、1.4
節で紹介する。

1.2 QKD とは

1.2.1 QKD プロトコルと QKD システム

　現在広く普及している QKD プロトコルは、BB84 方式に代表されるよ
うな量子信号の一方向性伝送に基づくものである。その典型的なシステ
ム構成を図 1.1 に示す。通常の光通信装置と同様に、送信機と受信機の
ペア、およびそれらを繋ぐ通信回線からなっている[2]。送信機では、まず
送信データとして、ランダムな 0, 1 の系列、いわゆる乱数列を生成する。
そして、乱数列のビット情報 0, 1 を、変調器等を含むエンコーダにより
量子信号[3] へ符号化して通信路へ送り込む。また、送信したビット情報と
符号化に関する情報を送信データとして記録しておく。量子信号を伝送す
る通信路のことを量子通信路と呼ぶ。量子信号は量子通信路内での散乱や
吸収によって減衰するため、受信機には送られた信号のパルス列の一部し
か到達しない。到達した量子信号は光回路からなるデコーダを経た後、検
出器で検出される。検出された受信データが一定量溜まったら、送信機と
受信機の間で、公開通信路と呼ばれる古典回線を介して送信データと受信
データの照合を行い、データの一部をお互いに公開しながら伝送過程での
盗聴者における漏洩情報量の評価を行い、鍵蒸留という処理を行って盗聴
の恐れのない安全な乱数列のペアを暗号鍵として生成する（その仕組みは

---

[2] QKD プロトコルには、離れた 2 地点にある送信機から中間地点にある受信機にそれぞれ
　信号を送る方式（測定支援方式）や、中間地点にある送信機から量子もつれ状態と呼ばれ
　る信号の対を離れた 2 地点の受信機に送る方式（量子もつれ方式）もある。
[3] 量子力学的性質を適切に制御した信号、詳しくは 3.2.1 項を参照。

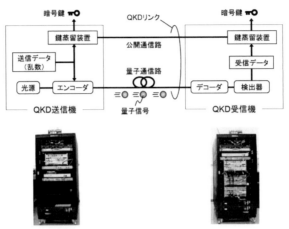

図 1.1　一方向伝送に基づく QKD システムの概念図（上）と QKD 送信機および QKD 受信機の写真（下）

3.2 節で説明される）。

　この暗号鍵は同一の乱数列からなるペアであり、ユーザにとっては各乱数列が送信機から提供されたものか受信機から提供されたものかは関係がない。暗号鍵を最終的に共有する 2 つの装置のそれぞれ（図 1.1 の場合、送信機と受信機のそれぞれ）を単に QKD 装置と呼ぶことが多い。

　量子通信路と公開通信路をまとめて QKD リンクと呼ぶ。QKD 装置のペア、およびこれらを繋ぐ QKD リンクからなる 1 対 1 の鍵配送システムのことを QKD システムと呼ぶ。この QKD システムを使うことで、どんな将来技術に対しても脆弱性を持たない究極的なフォワードシークラシー (forward secrecy) を有する暗号鍵を離れた 2 地点間で共有できる。QKD システムの 3 つの構成要素を以下にまとめる。

● **量子通信路**　量子通信路は、光ファイバーでも光空間通信路でもよい。安全性の証明では、盗聴者は量子通信路を完全にコントロールしており物理法則が許す任意の盗聴ができるという強い仮定を置く。この仮定により、実際の量子通信路に存在する損失や雑音などの不完全性はすべて盗聴者によって引き起こされたものとみなす。

- **公開通信路**　公開通信路は、送受信者が量子信号を介して共有した乱数列から、暗号鍵の蒸留に必要となる補助的な情報をやり取りするために必要となる。これらの情報は古典的情報であり量子信号ではないため、公開通信路としてはインターネットや携帯電話網を使用できる。実際には、同一光ファイバー内で量子信号とは別の波長帯を使うか、光ケーブル内に空いているもう一本の光ファイバーがあればそれを利用することが多い。

　公開通信路の通信内容は、盗聴者によって改竄されないようにメッセージ認証を行う必要がある[4]。本書で「公開通信路」という場合は、メッセージ認証機能を有しかつ十分な誤り訂正機能も有する通信路を意味するものとする。

- **QKD 装置**　QKD リンクの両端に接続され、QKD プロトコルを実行し量子通信と鍵蒸留のための通信および鍵蒸留処理を行い、暗号鍵を生成・共有する装置のことを指す。一方向伝送方式の場合（図 1.1）、2 つの QKD 装置は、それぞれ QKD 送信機と QKD 受信機となる[5]。QKD 装置は、ともに盗聴者の手が及ばない領域で動作しなければならない。

　QKD システムを運用する際には、まず送受信者間および公開通信路でなりすましがないようにそれぞれユーザ認証とメッセージ認証を行う必要がある。

　ユーザ認証には、例えば機器認証なども含まれる。メッセージ認証では、最初の種となる共通の鍵を何らかの方法で秘密裏に共有する必要がある。製造時に送受信機にあらかじめ入れておくなどの方法があるが、認証という目的では、最初の種鍵は送受信者間での最初の認証終了時点まで安全であれば十分なので、公開鍵暗号 など計算量的安全性を持つ鍵交換方

4　この認証機能は、送受信者が少数の暗号鍵を共有していれば達成できることが知られている。QKD では情報理論的に安全であることが知られている Wegman–Carter 認証方式が主に用いられる。

5　脚注 1 で述べた測定支援方式に基づく QKD プロトコルでは、暗号鍵が共有されるのは離れた 2 地点にある送信機であり、この場合 QKD 装置はどちらも送信機となる。これに対して量子もつれ方式では、暗号鍵が共有されるのは離れた 2 地点にある受信機であり、この場合 QKD 装置はどちらも受信機となる。

式で共有してもよい。それをもとに Wegman–Carter 認証のような情報理論的に安全な方法で送受信者間のユーザ認証や公開通信路上の通信に対するメッセージ認証を行いながら QKD プロトコルを実行して、ワンタイムパッドのための暗号鍵を生成し共有してゆく。その意味で QKD は、最初の小さな共通鍵を種に、そのサイズを安全に拡張してゆく方法と捉えることができる。また、最初の種となる共通鍵が計算量的安全性を持つものであった場合には、それを情報理論的に安全な暗号鍵に変換する方法ということもできる。言い換えると、フォワードシークラシーがない共通鍵をフォワードシークラシーがある鍵に変換することができる。

1.2.2 量子暗号とは

量子暗号は現在 QKD とほぼ同意義で用いられることが多いが、本書では、QKD で共有した暗号鍵をワンタイムパッド方式で利用する方式を量子暗号と呼ぶことにする（図 1.2）。一度共有した暗号鍵は、インターネットや携帯電話等であらゆるデータの秘匿化に使うことができる。暗号鍵はサーバ上に蓄積でき、少しずつ切り出しながら使い捨てることもできる（もちろん、サーバでの鍵の管理には、抜け穴がないよう最大限の注意を払う必要がある）。量子暗号は、どんな計算機をもってしても、またどんな物理的な盗聴攻撃をもってしても破ることができない情報理論的安全性を証明できるという意味で、現在、人類が知り得る最強の暗号技術と

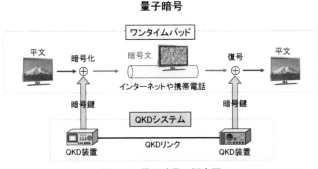

図 1.2　量子暗号の概念図

いってよい。

　なお、QKD 以外にも、量子力学的性質を用いた暗号技術として、量子デジタル署名や量子秘密計算などの研究もなされており、将来、「量子暗号」は、これらも含め量子力学的効果を用いた暗号技術の総体を指す言葉になると予想される。

1.3　QKD ネットワークとは

　現在の QKD システムの伝送距離と鍵生成速度には、まだ技術的な性能限界がある。その主な原因は、量子通信路内での不可避な光損失である。量子信号が微弱であるため、伝送路距離が一定の距離を超えると受信機に到来する量子信号の計数率が検出器の雑音計数率と同程度になり、鍵が生成できなくなる。量子信号は、現在光通信で使われている中継増幅器では再生中継はできず、本節末で触れる量子中継という新技術が必要となるが、これはまだ実用化段階には達していない。量子信号の繰返し速度（送信側でのパルス生成速度）を上げられれば鍵生成速度も向上するが、量子信号に感度を持つ検出器は依然として動作速度に限界があるため、繰返し速度は 1 Gbps 程度が今の限界である。最も技術が成熟している BB84 方式の QKD システムの場合、敷設ファイバー 50 km 圏（損失 15 dB）でだいたい数 100 kbps の鍵生成速度となる。これは MPEG4 などの動画をワンタイムパッド暗号化できる速度に対応する。距離が 100 km 程度まで伸

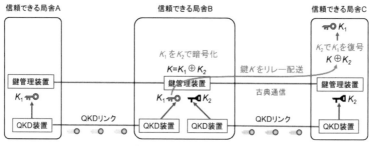

図 1.3　暗号鍵のカプセルリレーの仕組み

びると、鍵生成速度は $10\,\text{kbps}$ ぐらいまで低下する。そのため広域化と多地点ネットワーク化は、トラステッドノードを介した暗号鍵のカプセルリレーを用いて実現するのが通例である。その仕組みについて図 1.3 に示す。

3つの信頼できる局舎 A、B、C があり、局舎 A、B 間と局舎 B、C 間はそれぞれ異なる QKD システムで接続されている。A、B 間では暗号鍵 K_1 が、B、C 間では暗号鍵 K_2 が共有されているが、A、C 間は直接、QKD システムでは接続されておらず、このままでは暗号鍵を共有できない。そこで、局舎 B 内において暗号鍵 K_1 をもう一方の暗号鍵 K_2 で排他的論理和によりワンタイムパッド暗号化 ($K = K_1 \oplus K_2$) し、通常の古典通信回線を経由して局舎 C まで暗号化された鍵データ K をリレー配送し、局舎 C 内で再び暗号鍵 K_2 により復号して、A、C 間で暗号鍵 K_1 を共有する。ここで、2つの暗号鍵 K_1、K_2 は同じ長さとする。

通常、QKD 装置とは別に、各局舎内に鍵管理装置というものを用意して、この中に QKD 装置で生成された暗号鍵を転送し、必要なときに暗号鍵のカプセルリレーを行うといった鍵の管理・運用を行うことが多い。このような暗号鍵のカプセルリレーを適宜行うことにより QKD をネットワーク化し広域で安全な鍵交換を行うことが可能である。図 1.4 に QKD ネットワークの概念図を示す。QKD システムをトラステッドノードを介して接続させることで、多地点の QKD ネットワークを構成している。トラステッドノード内には一つあるいは複数の QKD 装置と鍵管理装置が設置され、暗号鍵の保管やカプセルリレーが行われる。これにより、直接 QKD リンクで繋がっていないノード間でも暗号鍵を共有することができ、これらのノード内にある暗号アプリケーションに暗号鍵を供給することができる。

また、光スイッチや光スプリッタを QKD リンクの途中に入れることにより、QKD リンクを切り替えたり、複数の地点に分割したりすることができる。加えて、QKD リンクの中間点に量子測定器を入れてその両端から送信された量子信号の干渉測定を行うことでトラステッドノードを介さずに QKD を長距離化する方法（測定支援リレー）も知られており、フィールド実験などが行われている [2, 12, 33, 34]。さらに、量子中継と

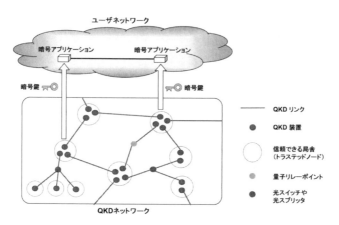

図 1.4　QKD ネットワークの概念図

いう技術を用いることで、量子信号を破壊せずに長距離まで伝送すること
も原理的には可能であるが、大規模な量子もつれ状態の生成や量子メモリ
や量子誤り訂正といった高度な技術が必要となり、まだ実験室での実証段
階にとどまっている。

　測定支援リレーや量子中継を行う中継点は量子リレーポイントと呼ばれ
る。量子リレーポイント自体では暗号鍵は生成されず、量子通信路の一部
とみなすことが多い。

1.4　QKD の標準化

　QKD 技術を実際に導入し利用していくためには、まず、QKD 技術自
体の安全性評価の基準と手法を確立する必要がある。次に、個々の QKD
装置から生成された暗号鍵を安全に蓄積・管理し、適時にリレー配送する
ための鍵管理技術と、様々なアプリケーションに暗号鍵を供給するための
インターフェース技術を確立する必要がある。そして、最終的にはこれら
を標準化し、様々な装置ベンダーや通信オペレータが QKD ネットワーク
を構築して運用し、それを多様なユーザが利用できる仕組みを確立する必
要がある。

　QKD の安全性評価技術に関しては、従来の数理暗号とは異なる QKD 特有の問題がある。数理暗号の実際的な安全性評価は、「アルゴリズムレベルでの安全性評価」と「アルゴリズムを実装したとされる装置（暗号モジュール）そのものの安全性評価」からなる。実際の装置には、理想的な実装要件からのずれ（サイドチャネル）が必ず存在し、そこを突くサイドチャネル攻撃の対策まで含めて、実際的な安全性評価が行われる。

　QKD の場合、物理法則と情報理論に基づきプロトコルの安全性が証明されるが、その証明は装置の物理モデルを仮定して行われる。実際の QKD 装置と物理モデルとの間には、多かれ少なかれずれが存在し、このずれは装置の特性変動に応じて変化し QKD 性能に直接的に影響する。そのため量子暗号特有のサイドチャネルが存在する。したがって、実際の運用では、装置や環境の特性変動に応じて QKD 装置のパラメータ設定を変える必要があり、特性変動の定量的評価法を確立するとともに、量子暗号特有のサイドチャネル攻撃を解明しながらその対策および検証法を整理する必要がある。このようなサイドチャネル攻撃対策や特性変動に応じたパラメータ設定の変更法などを可能な限り組み込んだ上での QKD 装置の実際的な安全性のことを実装安全性と呼ぶ。

　実際、市販されている QKD 装置も、何をもって安全と言っているか、すなわち実装安全性に関するコンセンサスは必ずしも明確とは言いがたい。実装安全性に関しては、これまで ETSI において基礎的な検討が長年行われてきた。そういった中で 2018 年から ISO/IEC JTC 1 において QKD 装置の安全性評価要件と評価手法に関する本格的な検討が始まり、中国、イギリス、日本、カナダなどが中心になって勧告草案化作業を進めている。2019 年頃からは ETSI においても、QKD 装置の安全性評価と認証のためのセキュリティ要求仕様、いわゆるプロテクションプロファイル (PP) の策定が本格化し、ドイツ、イギリス、スイス、日本などが中心になって勧告草案の作成を進めた結果、2023 年 4 月に勧告 ETSI GS QKD 016 として発刊されるに至った。この PP は、評価保証レベル (Evaluation Assurance Level: EAL) が 4 と比較的高く、それだけ評価に要する時間やコストもかかるものとなっており、主に政府用途向けの QKD 装置が当面の対象になると予想される。一方、我が国では、これと

並行して、より広範な用途に向けて EAL 2 の PP および評価・認証の際に必要となる評価法文書 (Evaluation Methodology Document: EMD) の策定を独自に進めている。また、今後、これらの国際規格に則って評価・認証を進める上では、QKD プロトコルやセキュリティ証明、評価基準の根拠等に関する技術文書も必要になることから、一般社団法人量子 ICT フォーラムの量子鍵配送技術推進委員会において、これらの技術文書の策定や発刊に向けた準備が進められている。

　一方、QKD ネットワークに関しては、2018 年から ITU-T において本格的な標準化が始まった。日本、韓国、スイス、中国、アメリカなどが勧告草案の作成に取り組み、2019 年から 2021 年にかけて QKD ネットワークに関する基本勧告の体系が整備された。具体的には、Study Group 13 において QKD ネットワークの基本構造 (Y.3800) と要求条件 (Y.3801)、ネットワークアーキテクチャ (Y.3802)、鍵管理機能 (Y.3803)、ネットワーク制御・管理 (Y.3804) に関する勧告が発刊され、Study Group 17 において QKD ネットワークのセキュリティフレームワーク (X.1710)、鍵合成と鍵供給 (X.1714)、鍵管理のセキュリティ要求条件と手法 (X.1712) に関する勧告が発刊されている。その後は、QKD ネットワークとストレージネットワークとの統合システムの基本構造 (Y.3808) とセキュリティ要求条件 (X.1715)、異なるアーキテクチャの QKD ネットワーク間のインターワーキングフレームワーク (Y.3810) など、本格的なシステム統合とインフラ構築に向けた勧告が発刊されている。

第**2**章

暗号技術を取り巻く現状とQKDの活用法

2.1　情報通信インフラに対するセキュリティ脅威

　近年、パソコン、家電、自動車、ロボット、スマートメーター等のあらゆるモノがインターネットに接続され、様々な情報がビッグデータとして蓄積され誰でもアクセスできる環境、いわゆる IoT (Internet of Things) が急速に普及し始めている。IoT により実空間とサイバー空間の融合が高度に深化した社会では、利便性の反面、攻撃者が容易に悪意のあるソフトウェア（いわゆるマルウェア）によるサイバー攻撃を仕掛けられる状況にあり、実際、国家の関与が疑われるような組織的かつ高度な攻撃手法の登場が、国民生活・経済社会活動に重大な被害を生じさせ、我が国の安全保障に対する脅威も年々高まってきている。

　我が国では、2014 年 11 月にサイバーセキュリティ基本法（平成 26 年法律第 104 号）が制定され、サイバー攻撃検知や防御能力向上への研究開発、および人材育成に関する官民の取り組みが始まった。2015 年 9 月にはサイバーセキュリティ戦略が閣議決定され、2020 年代初頭までを見据えた基本的な施策の方向性が示された。この戦略レポートでは、安全な IoT システムの創出に関して、セキュリティを後付けで導入しても IoT システムが本質的に安全になるものではなく、むしろ単にコストの大幅な増加の要因となるため、IoT システム全体の企画・設計段階からセキュリティの確保を盛り込むセキュリティ・バイ・デザイン (Security By Design) の考え方を推進するとしている。また、攻撃や防御のための技術の原理、システムの仕組みなどを自ら考え開発するためのコア技術の保持が我が国として必要であり、暗号研究などコア技術を育む基礎研究については、公的研究機関や大学等の適切な研究機関において、研究開発を促す環境の整備を進めていくとしている。

　実際、サイバー攻撃検知やソフトウェアの更新、パッチによる防御のみでは、常に新たなマルウェア攻撃の登場とのいたちごっことなり、抜本的な情報セキュリティ対策を施すことは難しい。サイバー攻撃による不正アクセスやデータ流出はある程度起こりうるものとの前提に立ち、適切な暗号技術を用いることによって重要情報の秘匿化と改竄防止を行う必要があ

る。その中でも正規ユーザ間で安全に共通の暗号鍵を共有することは、あらゆる暗号技術の根幹に位置する要件である。

　現在、インターネット上では公開鍵暗号 により必要な正規ユーザ間で共通の暗号鍵を共有する仕組みが構築されており、公開鍵交換基盤 (PKI) と呼ばれている[1]。例えば、インターネットの標準的なセキュリティプロトコルであるトランスポートレイヤセキュリティ (Transport layer security: TLS) にいくつかの公開鍵暗号方式が組み込まれ、一般ユーザが自在に使えるようになっている。PKI とそれに基づく暗号インフラの大まかな構成図を図 2.1 に示す。PKI では、暗号化と電子署名で用いる公開鍵とその公開鍵の持ち主の対応関係を、認証局という第三者機関が発行する証明書を用いることで保証する。認証局は、通常、おおもとにあるルート認証局を頂点にツリー型の階層構造をなす。これによりユーザは、公開鍵が正しい通信相手のものであることを事前に確認することができる。

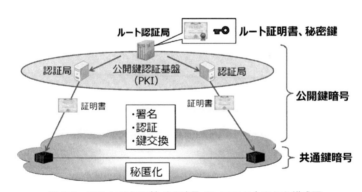

図 2.1　PKI とそれに基づく暗号インフラの大まかな構成図

　次に、公開鍵暗号と共通鍵暗号を用いた安全な通信を行う仕組みについて図 2.2 を用いて説明する。受信者（例えばウェブサーバ）が秘密鍵と公開鍵のセットを 1 組だけ用意する。まず秘密鍵を自分で選び、ある関数に

1　公開鍵認証基盤と呼ばれることも多い。

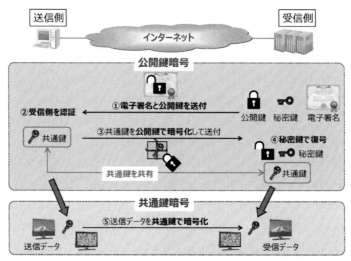

図 2.2　公開鍵暗号と共通鍵暗号を用いた安全な通信を行う仕組み

秘密鍵を入力することで公開鍵を算出し、誰でも自由にダウンロードできるようにしておく。その際の関数は、公開鍵から秘密鍵を逆算する作業に指数関数的な時間がかかるものを選ぶ。この受信者に対して、様々な送信者（例えばウェブの閲覧ユーザ）が同一の公開鍵を使って、各自で送信データ（平文）を暗号化する。このように作られた様々な暗号文を復号するには、単一の秘密鍵を受信者だけが知っていればよく、事前に各送信者に知らせておく必要はない。ただし、公開鍵暗号は計算処理に時間がかかるため、大きなサイズの平文の暗号通信には非効率で適さない。そこで、実際には、あらかじめ決められた短い長さ（128 ビットや 256 ビットなど）の初期の暗号鍵（種鍵）を送受信者間で共有（鍵交換）するために用いられる。このようにして共有した種鍵を、高速のアルゴリズムにより平文のサイズまで伸長して暗号通信を行うのが一般的である。この暗号通信の方式は共通鍵暗号と呼ばれ、TLS でよく使われる方式として AES(Advanced Encryption Standard) などが知られている（暗号技術の概要に関しては付録 A.1 を参照）。

　公開鍵暗号や共通鍵暗号は、解くのが難しい数学問題に基づいて安全性

保証を行っている。このような数理暗号は、計算技術の進展とともに、どうしても安全性が危殆化してゆく。特に、もとになる暗号鍵が破られると、それに基づくすべての暗号機能の安全性が瓦解してしまう。例えば、PKIで最も標準的に使われているRSA暗号の安全性は素因数分解問題の困難さに基づいているが、鍵長1024ビットの現在主流の仕様はすでに解読の危険域に達し、鍵長2048ビットへの移行が推奨されている [48]。一方、暗号システムの更新にはハードウェアへの負担の増加が伴う。例えば1024bitと2048bitを比較した際、5〜30倍の処理能力が必要になり、一般ユーザの環境ではパフォーマンスが低下する恐れがある。また、たとえ移行を完了したとしても、もし暗号アルゴリズムの解読に関する数学的新発見があれば、その暗号方式は機能しなくなる。最悪、ある機関がすでに解読している方式を使い続けてしまう可能性も否定できない。

　また盗聴者が、今は解読できなくても、通信路をタップして暗号化されたデータを入手しいったん保存しておき、将来、何らかの方法で暗号化に使われた鍵を入手したり、新しい解読技術を手にしたりした時点で、保存していた暗号化データを解読して重要情報を知る可能性もある。いわゆる、Harvest now, decrypt later （まずデータを収集し、後で解読する）という攻撃手法である。例えば、Edward Snowden が暴露したいわゆるスノーデンファイルでは、アメリカの諜報機関が、インターネット上の暗号化されたデータを将来解読ができるように記録しているとしている。実際、欧米の諜報機関が光ファイバー網上で大規模な盗聴を長期間にわたって行っていたことが知られている（2013年、ガーディアン紙やワシントン・ポスト紙）。そこで用いられた技術は、光スイッチや光ファイバーの診断を行う際に使われるタッピング装置である。現在では、小型のタッピング装置が市販されており、そのまま光盗聴器として転用できる。実は、わざわざ特殊な装置でタッピングしなくても、最新の光子検出器を用いると光ファイバー内を行きかう信号の様子が見えてしまうことも分かっている [18]。これは光ケーブルをある程度曲げるだけで、ケーブル内の隣り合う光ファイバーの間で光信号が漏れてしまう、いわゆる光ファイバー間クロストークという現象を利用したものである。これらの事実は、将来にわたって担保できる秘匿性、いわゆるフォワードシークラシーを持った暗号

技術の必要性を強く示唆している。

　このため、すでに現在の TLS では、将来現れ得る脆弱性にも対処できる技術が使われ始めている。代表的な例として、Ephemeral（使い切り）Diffie–Hellman 鍵交換方式 (EDH) がある。この方式では、離散対数問題の数学的性質を利用することにより、決まった鍵の代わりに、セッションごとにクライアントとサーバ側でそれぞれ独立に異なった乱数列を生成し鍵として使う。こうすることにより、暗号化された通信を盗聴されていても、それぞれの通信はセッションごとに異なる鍵で暗号化されているので、解読は格段に難しくなると考えられている。

　一方で、暗号解読に繋がる新技術は予想を超えるスピードで進展している。ショア (P. W. Shor) が発見した素因数分解問題や離散対数問題を多項式時間で解く量子計算アルゴリズムは、これらの問題の解読計算量的困難さを安全性の根拠とする RSA 暗号や楕円曲線暗号への大きな脅威となっている。したがって、ショアのアルゴリズムを実装した量子コンピュータが実現すれば、現在の PKI のセキュリティは危殆化してしまう。量子コンピュータは、実用動作に必要な誤り耐性の確保が極めて困難で、その登場はまだまだ先のことと考えられていたが、カナダの D-Wave Systems 社は、オーソドックスな量子コンピュータの方式とは異なるやり方で、ある種の問題を従来技術より高速で解く量子アニーリングマシーンを開発した [10]。装置はすでにグーグルやアメリカ航空宇宙局 (NASA) が購入して、人工知能やビッグデータ解析の研究に利用し始めている。これを契機に、量子アニーリングマシーンによる暗号解読の研究や、量子コンピュータの新しい実装技術の研究開発が加速している [20, 37]。特に、グーグル、IBM、インテル、マイクロソフトなどの大手企業が巨額の研究資金を投じて開発に取り組んでおり、量子コンピュータが登場する時代の到来が予見されるようになってきた。

2.2　耐量子安全性暗号

　暗号分野ではここ 20 年、量子コンピュータでも破られない耐量子性を

持つと期待される暗号技術の研究が活発に行われており、耐量子計算機暗号 (Post-Quantum Cryptography: PQC) 技術と呼ばれている。例えば、多変数多項式暗号、符号ベース暗号、格子ベース暗号、超特異同種写像暗号などの公開鍵暗号 方式が知られており、鍵共有や署名などの基本的な機能であれば十分実用的な技術も開発されている[2] [43]。PQC は、現在の PKI のインフラ構造をほとんど変えることなく、今後、そのまま RSA 暗号や楕円曲線暗号に変わり、PKI に導入されてゆく技術とみなされている。また、格子ベース暗号に代表されるような、暗号化したまま加法と乗法を同時に実現できる完全準同型暗号は、ビッグデータの保存（ストレージ）やクラウドサービスにとって必須の技術になると予想される。

2015 年 8 月には、アメリカ国家安全保障局 (NSA) が、耐量子性を持つ暗号アルゴリズムへの移行プランを表明している [41]。また、アメリカ国立標準技術研究所 (NIST) は、2016 年、PQC の標準化に向けた評価基準策定に着手した [38]。2017 年 11 月に最初の公募を締め切り、応募のあった 82 件の候補から 69 件の方式を検討候補として受理した後、2019 年 1 月に 26 件を標準化の第 2 ラウンドへ進む方式としてとして選定した [3]。2020 年 7 月 22 日には、NIST から PQC の標準化の第 3 ラウンドへ進む方式として、最終候補の 7 件、代替候補の 8 件が発表された。そして、2022 年 7 月 5 日には、NIST から標準化方式として公開鍵暗号方式 1 件と電子署名方式 3 件が発表された。同時に、第 4 ラウンドへ進む方式として、公開鍵暗号方式の 4 件が発表され、電子署名方式については再公募を行うこととした。欧州では ETSI が PQC の調査活動を行い、ISO/IEC でも標準化に向けた議論が始まっている。PQC の技術動向に関しては、我が国の電子政府推奨暗号の安全性を評価・監視するプロジェクトである CRYPTREC の報告書から知ることができる [9]。

一方で、PQC に対する最先端アルゴリズムを用いた解読実験も、世界中の機関で進められている。例えば、2009 年に IEEE で標準化され

2　PQC には、全数探索以外に効率的な解読法が見つかっていない共通鍵暗号も含まれる。AES などがその例である。なお、PQC は、耐量子性を持った公開鍵暗号（多変数多項式暗号、符号ベース暗号、格子ベース暗号、超特異同種写像暗号など）と同義で使われる場合も多い。

た NTRU 格子ベース暗号 (N-Th Degree Truncated Polynomial Ring:
NTRU) [28] は、その後、開発された攻撃アルゴリズムで解読できること
が示され [8]、安全性レベルの見直しが行われている。このように PQC
も計算量的解読困難性に基づくものであるため、危殆化の危険性が常に伴
う。PQC の安全性は、量子コンピュータでも解読できないと信じられて
いるものの、厳密に証明されたものではない。

　これに対して QKD は、物理法則が許すどんな技術で盗聴し、どんな高
度な計算機で解読を試みたとしても、暗号鍵に関する情報を得ることがで
きないことを証明できる、現在唯一の鍵配送方式である (QKD の安全性
については、3.1.2 項で詳述する)。QKD で配送された暗号鍵をワンタイ
ムパッドで使用することにより、最も厳格なフォワードシークラシーを実
現できる[3]。

　現在、暗号分野においては、量子コンピュータが登場した時代
に推奨される暗号技術のことを耐量子安全性暗号 (Quantum-Safe
Cryptography)[4] と呼ぶ。2014 年には、ETSI が標準化に向けたワーキン
ググループ ETSI Quantum-Safe Cryptography Industry Specification
Group (ETSI QSC-ISG) を立ち上げ、2015 年には、耐量子安全性暗号に
関する最初の白書が刊行されている [45]。その中で、耐量子安全性暗号
は、PQC と QKD を含む暗号技術と定義されている。そして、量子コン
ピュータのような革新的計算技術が実用化されるまでの期間と、現在のセ
キュリティインフラに耐量子性を実装し運用可能にするまでの期間を比較
予想しながら、長期的視点で、耐量子安全性暗号の標準化と社会実装に取
り組む必要があるとしている。

　情報通信技術 (ICT) や計算技術が日進月歩し、将来の性能予測やセ
キュリティ脅威の予測が難しい中で、どんな将来技術でも原理的に破られ

---

[3]　フォワードシークラシーには、数学問題の解読困難性に基づく計算量的なものと、原理的
　　にどんな計算機でも破られない情報理論的なものがある。詳しくは、3.1 節を参照。先に
　　述べた EDH 鍵交換方式は前者であり、後者を実現する代表的方式が QKD である。

[4]　量子コンピュータが登場した社会にあってもなお安全な暗号方式の集合を表す。
　　https://cloudsecurityalliance.jp/j-docs/quantum/quantum-safe-security-gloss
　　ary_J_V1.0.pdf

ない QKD はいつの時代でも高秘匿通信インフラの構築に無くてはならない技術となるであろう。しかし、その鍵生成速度や伝送距離には依然限界があり、また機能も通信の秘匿化に限定される。そのため署名や認証、鍵交換、通信やデータ保管の秘匿化まで含めた総合的な情報セキュリティの確保には、PQC や共通鍵暗号、QKD、さらには秘密分散といった様々な暗号技術を適材適所で組み合わせて使い暗号インフラをアップデートしてゆくことが重要となる。

2.3　QKDの想定用途とメリット

2.3.1　想定用途とその展望

　QKD 技術の想定用途の典型的な例は、軍事や防衛・外交分野で使われるような専用の鍵配送システムである。重要機密情報のやり取りでは、情報漏洩や解読の危険性が一切あってはならない。このような特殊な重要通信用途では、そもそも公開鍵暗号や PKI は使われない。PKI では、図 2.1 に示したように、鍵交換時の認証のために、信頼できる認証局から発行された電子証明書を用いる。つまり、証明書ツリーの最上位に位置する「ルート証明書」の安全性が失効すれば PKI 自体の安全性が崩壊してしまう。その意味で、PKI ではルート認証局に最終的な安全性をすべてゆだねていると言える。ルート認証局は社会的信頼のある企業などが担っているが、上記のような特殊な重要通信分野では、そのような外部組織に重要機密の安全性を依存するわけにはいかないという事情がある。

　実際、重要通信用途では、信頼できる人手を介した手渡しによる鍵配送システムが使われることが多い。この方式は、人が移動可能な場所であるなら距離の制約がなく、大容量の記憶媒体で暗号鍵を一気に配送できる。それでも、配送・保存時の裏切り、窃盗、盗写の可能性は完全には排除できない。また暗号鍵の保管期間が長くなればなるほど情報漏洩の可能性が高まる。さらに近年は ICT の発展とともに扱うべき重要機密データの量も急増しており、今後もますます増加の一途をたどると予想される。そこで、人手による鍵配送システムの中の一部のエリアでも QKD に置き換

え、安全にワンタイムパッド用の暗号鍵を自動配送できるようになれば、データ量増加に伴う運用コストの増大を抑制することができると期待される。また QKD システムでは、人手による鍵配送法に比べて頻繁に暗号鍵を自動更新できるので、一つの暗号鍵の保管時間を最小限に抑えることもでき、暗号鍵の保管時における漏洩リスクも下げられると期待できる。

　より広い一般用途の例としては、個人のゲノムデータの暗号通信が考えられる。このような用途では、データ通信の安全性の前に、ストレージの安全性がまず問題となる。実際、情報を盗もうとする攻撃者がまず狙うのは、データがそこに確実にあると分かるストレージシステムである。データは複数のサーバに分散させて保存するのはもちろん、適切な技術で暗号化する必要がある。それでも、世紀単位の時間スケールで重要情報を安全に守ろうとした場合、PQC も含め、計算量的な安全性保証に基づく方式では不十分であると考えられている [6]。登場したときには最強といわれた暗号も、予想より早期に新たな解読法が見つかり危殆化する場合も多く、計算量的な安全性保証に基づく暗号方式の平均運用寿命は 15 年程度といわれる。幸い、計算量に依存しないストレージセキュリティの実現方法が知られており、閾値秘密分散法 [55] や、さらに認証機能に定期的更新機能を付加して拡張した方式などがその例である。これらの方式も、暗号化したまま加算と乗算を同時に実行できるという、クラウドサービスで重要となる完全準同型性を有している（2.2 節の第 1 段落参照）。ただし、これらの安全性の証明においては、システムを構成する複数のデータサーバ間の通信は安全であると仮定されている。現状では、サーバ間のデータ通信は共通鍵暗号で保護することが多いが、ここに QKD を適用すれば、原理的に計算量に依存しない安全性を持つストレージシステムを構築することができる [6]。QKD ネットワークと閾値秘密分散法を融合した新しいストレージシステムは、2016 年に NICT によって Tokyo QKD Network 上で初めて実証された [17]。さらに、長期間のデータ改竄耐性を保証するための署名・認証機能を追加した超長期セキュアデータ保管・交換システム (Long-term integrity, authenticity and confidentiality protection system: LINCOS) も開発されている [5, 52]（詳しくは 5.4 項を参照）。

　将来、QKD 装置が低コスト化されれば、情報通信インフラにも導入し

て有効活用できると期待される。例えば、仮想プライベートネットワーク (VPN) を生成・制御するためのネットワークスイッチ（インターネットルータなど）に QKD プラットフォームから暗号鍵を供給することで、既存のインフラ上の必要な 2 地点間に最も強いフォワードシークラシーを持ったトンネルモードを自在に形成することができる。すでに 1.1 節で触れたように、そのためのアプリケーションインターフェースも開発されている。

2.3.2 QKD 技術を活用するメリット

以上のような想定用途で QKD 技術を活用するメリットを以下に列挙してまとめる。

- QKD は、どんな物理的能力や計算能力を持った盗聴者に対しても、決して情報を漏らすことなく暗号鍵を 2 地点間で共有する方法を提供する。この暗号鍵をワンタイムパッドとして用いることで、どんな将来技術に対しても脆弱性を持たない究極的なフォワードシークラシーを実現することができる。

- QKD でいったん生成された暗号鍵は、正しく蓄積し管理・運用することによって、様々な通信機器や制御機器に供給することができる。また共通鍵暗号へ種鍵を供給し、かつ頻繁に鍵更新することによって、セキュリティを強化することができる。

- ネットワーク上で様々な通信機器が複数の暗号プロトコルを同時に実行する場合、個々の暗号プロトコルが安全であってもシステム全体の安全性は一般には保証されない。それに対して、汎用結合性という性質を持つ暗号プロトコル同士は、組み合わせて使った場合でも安全性を保証できる。QKD は汎用結合性を有するので暗号システムの構成要素として安心して利用することができる（詳しくは 3.1.2 項を参照）。

- 万が一、QKD プラットフォームの一部で不測の事態が生じた場合でも、危険性のある暗号鍵を消去して、新たに暗号鍵を生成し、リレーして必要なユーザに供給することができる。

- 十分な鍵サイズがあれば、暗号化は平文と鍵の単純な論理和なので、暗号方式の大幅な簡素化と処理遅延の解消が可能になる。
- ネットワーク上で鍵 ID を適切に管理し鍵リレーすることによって、セキュリティシステムの仕様や方式の違いを超えた、組織を跨ぐ暗号通信の互換性確保が可能になる。重要通信では暗号仕様が非公開であることが多く、相互接続が容易でないという潜在的問題があるが、QKD プラットフォームは、相互接続性の向上に有効である。
- QKD は、光通信路からの情報漏洩に繋がるどんな盗聴攻撃も検知することができる。これは従来の暗号技術にはない大きなメリットであり、光通信インフラへの盗聴が現実化する中で極めて重要な意味を持つ特徴である。

図 2.3 に、既存の鍵交換基盤と QKD の特性の比較、および QKD によってもたらされる付加価値についてまとめる。

既存の暗号技術	QKD
<特徴>	<特徴>
・数学アルゴリズムに基づく計算量的安全性 ・プログラムとしてPCや専用基板上に実装 ・暗号化伝送自体には距離の限界はない ・公開鍵暗号による鍵交換基盤が普及	・物理法則に基づく情報理論的安全性 ・光回線と送受信機、鍵蒸留プログラムが必要 ・直接配送距離に限界がある 　（光ファイバー ~90km付近で10kbps程度） ・専用の鍵配送網が必要
<既存暗号技術の問題点>	<QKDによる解決策>
① 計算技術や数学理論の進歩とともに 　危殆化の脅威 ⇒ 仕様の更新が必要 ② 盗聴が検知できない ③ 高機密用途など暗号仕様が非公開の組 　織間通信では異なるシステム間での相 　互接続が困難 ⇒ 運用上、大きな支障	① 計算技術や数学理論の進歩があっても 　破られない ⇒ 方式自体の更新が不要 ② 通信路への盗聴を確実に検知可能 ③ 暗号化は鍵と平文の単純な論理和 　▶処理遅延を解消 　▶鍵IDの管理により、方式の違いを 　超えた組織を跨ぐ互換性を確保できる

図 2.3　既存の暗号技術と QKD の特徴の比較、および既存の暗号技術の問題点と QKD による解決策

　以上のように、QKD は従来のセキュリティシステムに対する追加ツールとして捉えることができる。QKD 機能の追加により、従来のセキュリティシステムの機能はそのまま活かしつつ、必要な 2 地点に暗号鍵を供給

することによるセキュリティの強化や、超長期間の機密性確保など新しい付加価値を生み出すことができる。QKD 技術は急速に進展し、都市圏スケールであれば、上記のメリットを享受できる QKD プラットフォームの試験環境が構築され、長期運用の実績が蓄積されている。

さらに、1.1 節で述べたように、将来、広域をカバーできる QKD プラットフォームを構築し、フォトニックネットワークと統合してセキュアフォトニックネットワークを実現することができれば、光パスネットワークや制御プレーンに、従来とは質的に異なった頑健なセキュリティを確保することができる。これによって最終的には、情報通信インフラ自体のセキュリティを向上させることが可能となる（詳しくは第 5 章を参照）。

第3章

QKDの技術的概要

3.1　暗号技術の安全性

3.1.1　安全性の概要

　暗号技術や暗号システムの安全性は、暗号プロトコルや暗号アルゴリズムそのものの理論的安全性のほかに、それらを装置やコンピュータプログラムに実装する際の状況（実装安全性）や運用法からも影響を受ける。理論的安全性においては、秘密鍵以外、暗号プロトコルや暗号アルゴリズムに関するすべての情報が公知になっているという前提が置かれている。その下で、理論的安全性は、以下の 2 つに大別される。

- **計算量的安全性**　盗聴者の計算能力が有限であると仮定し、解を求める際、入力サイズ n に対して指数的な時間がかかり、解くことが極めて難しいと予想される計算問題に基づいて設計された暗号アルゴリズムの安全性。計算量が多項式時間に収まらない場合、その暗号は計算量的に安全という。
- **情報理論的安全性**　盗聴者が無限の計算能力を持っていると仮定した場合でも解読されないことを証明できる暗号方式の安全性。盗聴者への漏洩情報量や解読の危険性を測る適切な統計的尺度 δ_n が、鍵長あるいは符号長 n を大きく取ることなどでいくらでも小さくできることを、エントロピーなど情報理論で使われる手法で証明することから、情報理論的と呼ばれる。

3.1.2　計算量的安全性

　現代暗号のほとんどの方式は、計算量的安全性に基づくものである。例えば、RSA 暗号は素因数分解問題の困難さに基づいており、DH 鍵配送や楕円曲線暗号、ElGamal 暗号は離散対数問題の困難さに基づいている。しかし、計算量的安全性は数学的に証明されたものではなく、現時点では、多項式時間では解く方法が知られていないという経験則に基づくものである。このことは計算機の進歩や数学的知見の進展によりに、時間とともに安全性が低下していくことを意味する。したがって、必要に応じて使用する鍵長を伸長したり、より難しいアルゴリズムに移行してゆく必要

がある。また、あるとき、新たな解読法が発見されれば、その暗号方式は機能しなくなる。実際、1994年にはショア (P. W. Shor) により、素因数分解問題や離散対数問題を効率的に解く量子計算アルゴリズムが発見され [56]、上述の公開鍵暗号は、量子コンピュータが実現されれば解読されてしまうことが示された。このほかに危殆化したといわれるアルゴリズムやプロトコルには、トリプル DES（共通鍵暗号）、MD5（ハッシュ関数）、SHA-1（ハッシュ関数）、SSL などがある（詳しくは付録 A.1 を参照）。一方、整数論的な問題ではなく、ある種の組合せ論的な問題などに基づくことで、量子コンピュータでも多項式時間では解読できないと期待されている暗号技術があり、PQC と呼ばれ、多変数多項式暗号、符号ベース暗号、格子ベース暗号、超特異同種写像暗号などがある。

　計算量的安全性の強度は解読に要する計算量で測られるが、それを定量的に示すのは容易な問題ではない。そこで、通常、安全性の目標と攻撃条件をモデル化し、さらに攻撃アルゴリズムも限定して、「その範囲」で安全である（目標が達成されている）かどうかという評価を行う [29]。

　安全性の目標の例としては、

- 完全秘匿 (perfect secrecy)
- 強秘匿/セマンティックセキュリティ (semantic security)
- 頑強性/非展性 (non-malleablity)
- 識別不能性 (indistinguishablility)

などがある。

　攻撃条件の例としては、

- 既知暗号文攻撃 (COA: Ciphertext-Only Attack)
- 既知平文攻撃 (KPA: Known-Plaintext Attack)
- 選択平文攻撃 (CPA: Chosen Plaintext Attack)
- 選択暗号文攻撃 (CCA: Chosen Ciphertext Attack)
- 適応的選択暗号文攻撃 (CCA2: Adaptive Chosen Ciphertext Attack)
- 関連鍵攻撃 (RKA: Related-Key Attack)

などがある。

　攻撃アルゴリズムの例としては、

- 総当たり攻撃/全数探索 (brute force attack/exhaustive key search)

・差分解読法 (differential cryptanalysis)

・線形解読法 (linear cryptanalysis)

などがある。

　共通鍵暗号の場合、すべての鍵パターンの全数探索により、暗号文から平文を求めることが原理的に可能である。そこで、全数探索が現実的に困難になるように鍵長を設定する。例えば、AES128 では鍵の総数は 2^{128} 個で、毎秒 1 万個の鍵をチェックできるような計算機を 1 億台繋いだとして、全数探索には約 1000 京年かかり、現実的ではない。 データベース検索に関するグローバーの量子アルゴリズム [21–23] を用いれば、計算量はデータ数の平方根まで減らせるから、AES128 に対する全数探索は 2^{64} の計算量となる。これは依然として非現実的に大きな計算量であるため、AES もほかに効率的な解読法が見つからない条件のもとで PQC の一つとみなされる。

3.1.3　情報理論的安全性

　情報理論的安全性の最初の定量化は、1949 年にシャノン (C. E. Shannon) によって行われた。具体的には、秘匿通信が情報理論的な意味で安全であるためには平文サイズ≦鍵サイズを満たすことが必要十分条件であることを示した。この条件を満たすのは、バーナムによって 1900 年代初頭に提案されたワンタイムパッド方式である。ワンタイムパッドは、どれだけの暗号文を集めても、無限大の計算能力を持ってしても解読できない[1]。

　QKD はワンタイムパッド用の暗号鍵を配送する手段を提供する。QKD の安全性は、解くのが難しい数学的問題に基づくものではなく、量子力学という普遍の物理法則に基づくものである。実際の安全性証明では、暗号鍵の長さを十分長く取ることなどで盗聴者への漏洩情報量をいく

---

[1]　ワンタイムパッド方式では、暗号化に先立ち、送信者と受信者の間で何らかの安全な方法によって暗号鍵を共有する必要がある。また、送受信者のそれぞれで暗号鍵が安全に管理されていることが前提となる。送信者は、平文のビットデータと暗号鍵のビットデータの排他的論理和により暗号文を生成し、受信者は、暗号文と暗号鍵の排他的論理和により平文を復元する。

らでも小さくできるということを、量子力学と情報理論の手法を用いて証明する。より正確には、理想的な QKD プロトコルと実際に実装されたプロトコルの違いを測るための距離（2 つのプロトコルを表す密度行列のトレース距離）を導入し、トレース距離が任意の指定された小さな値 ϵ 以下に小さくできること（ϵ-安全であること）を証明する。このようにして証明された安全性は、情報理論的安全性という性質のほか、汎用結合性 (universal composability) という暗号学上の重要な性質も満たす。汎用結合性とは、各プロトコル単体として保証された安全性が、それらのどのような結合の仕方や利用環境でも保持されるという性質である。例えば、ϵ-安全であるプロトコルと ϵ'-安全であるプロトコルを組み合わせたプロトコルの安全性は、$\epsilon + \epsilon'$-安全なものとなる。

物理法則上許されるどんな技術で QKD の通信を盗聴したとしても、情報理論的安全性と汎用結合性を証明できる QKD は、現在知られる暗号技術の中でも最強のものである。したがって、QKD の理論的安全性の評価においては、計算量的安全性を持つ暗号技術とは異なり、安全性の目標、攻撃条件、攻撃アルゴリズムを限定し種々のレベルに分けて考える必要はなく、プロトコルの理論的安全性評価が極めてシンプルになる。さらに、他の暗号プロトコルと組み合わせて使う場合の安全性解析も極めて簡潔になる。ただし、QKD 装置の実装安全性に関しては、物理法則に基づく暗号特有の留意すべき点があり、具体的には、1.4 節で述べた通りである。

3.2 QKD の原理と仕組み

3.2.1 QKD の原理となる量子力学的性質

電磁波は波であり、通信では、その振幅、周波数、位相、パルス形状、振動面（偏光の向き）などを適切に選択し制御して変調し、ビット値 0、1 などの信号情報を符号化する。周波数（波長）や偏光、時間パルス形状など電磁波の持つ自由度はモードと呼ばれる。モードが異なれば、それらの中にある信号は原理的に分離でき、識別できる。例えば、波長の異なる電磁波は波長分離素子によって、また、水平偏光、垂直偏光の電磁波は偏光

分離素子（偏光ビームスプリッタ）によって、2 つの異なる出力ポートに
導波し分離することができる。逆に、モードの異なる電磁波を一つの通信
路内で多重化して伝送することもできる。例えば、波長多重伝送や偏波多
重伝送がよく知られた例である。

　同じモード（例えば、周波数）でも、識別可能な信号を用意することが
できる。例えば、図 3.1 に示すように、位相変調器で位相を 180° ずらすこ
とで波形を反転させることができ、このような 2 値の位相変調信号により
$\{0, 1\}$ を符号化することができる。一つのモードで多くの種類の波形を用
意すれば（多値変調）、モード当たりの伝送効率を上げることができる。

0 1 0 0 1 0 1 0 1 1 0

図 3.1　2 値位相変調方式の波形パターン

　一方、電磁波は波であると同時に、厳密には、それ以上分割できないエ
ネルギーの粒（光子）の集まりでもある。あるモードに含まれるエネル
ギーは離散的な飛び飛びの値を取り、光子という単位で計られる。光通信
に使われるレーザー光は、干渉性の高い最もきれいな波の状態になってい
るが、強度をどんどん減衰させてゆくと、やがて、雨だれのようにポツリ
ポツリと途切れ始め、光子として飛び飛びに飛来するようになる。その様
子は、市販の光子検出器を用いて観測することができる。そのイメージを
図 3.2 に示す。レーザー光パルスの時間幅の中で、光子は時間的にランダ
ムに検出される。

　このような光子からなる光の状態を表現するためには、状態ベクトルと
いう電磁気学にはない新しい概念が必要になる。電磁波の各モードにおけ
る信号は、厳密には、状態ベクトルで表現される。なお、本書で扱う範囲
では、線形代数における単なるベクトルと考えれば十分である。線形代数
における任意のベクトルは、線形空間を張る、互いに直交した基底ベクト
ルの線形重ね合わせによって展開、表現される。量子力学の代表的な基底
ベクトルは、あるモード（例えば、時間パルス形状）の中に含まれる光子

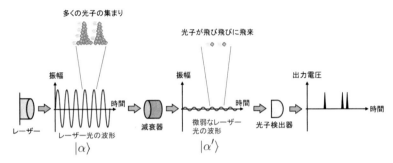

図 3.2 レーザー光の波形のイメージ図、および減衰させた微弱なレーザー光
を光子検出器で測定した場合の単一光子検出の概念図

数 n が確定した状態（いわゆる光子数状態）で、$|n\rangle$ という記号で表現される。ここで、記号 $|\cdot\rangle$ はケットベクトルと呼ばれ、線形代数の縦ベクトルに対応する記号である。光子数 n は 0 から無限大までの値を取れるので、$|n\rangle$ は無限次元空間のベクトルに対応する。このケットベクトルの複素共役転置を取った横ベクトルは、ブラベクトルと呼ばれ $\langle\cdot|$ と表される。異なる光子数状態 $|0\rangle,\ |1\rangle,\ |2\rangle,\ \ldots$ は、互いに直交しており、このような直交状態は誤りなく完全に識別することが可能である。直交関係は、ケットベクトル、ブラベクトル間の内積がゼロ、つまり、$\langle m|n\rangle = 0\ (m \neq n)$ に対応する。また、基底ベクトルは規格化されており $\langle n|n\rangle = 1$ である。

レーザー光は、厳密には、このような光子数状態と、さらに波の位相と振幅を表すパラメータ α（一般には複素数 $|\alpha|e^{i\theta}$）を用いて

$$|\alpha\rangle \equiv e^{-|\alpha|^2/2} \sum_{n=0}^{\infty} \frac{\alpha^n}{\sqrt{n!}} |n\rangle \tag{3.1}$$

という重ね合わせ状態として表現される。これは、ある一つのモードに真空状態、単一光子状態、2 光子状態、・・・・・・ といった異なる光子数状態が同時に存在する状態であり、しかも光子 1 個当たり $e^{i\theta}$ という共通の位相で重ね合わされた状態で、コヒーレント状態と呼ばれる。コヒーレント状態は、位相が揃っている反面、光子数は確定しない。実際、レーザー光のパルスを光子数識別器で観測すると、測定ごとに様々な光子数が確率的に出力される。光子数が n である確率は、$|n\rangle$ の係数の大きさの 2 乗で

ある $\exp(-|\alpha|^2) \cdot |\alpha|^{2n}/n!$ で与えられる。パルス当たりの平均光子数は $|\alpha|^2$ で与えられる。

　図 3.1 の 2 値位相変調信号は、$|\alpha\rangle, |-\alpha\rangle$ と表現される。通常の光通信ではパルスあたり 1 万個以上の光子が含まれており、そのような大きな振幅のコヒーレント状態は、雑音のない理想的な検出器があれば正確に識別することができる。実際、2 値信号の状態ベクトル $|\alpha\rangle, |-\alpha\rangle$ の内積は $\langle\alpha|-\alpha\rangle = \mathrm{e}^{-2|\alpha|^2}$ で与えられ、$|\alpha|^2$ が十分大きければ、ほぼゼロとなり直交している。このような互いに直交する信号のセットのことを古典信号と呼ぶ。

　一方、振幅 $|\alpha|$ が微弱になってくると、2 値位相変調信号の状態ベクトル間の内積はゼロではない有限の値を取るようになり、互いに非直交の関係となる。このような非直交状態の信号は、光通信で使われる古典信号とは異なり、誤りなく完全に識別することは原理的に不可能である。この量子力学的性質は、光通信に最終的な性能限界を課すことになるが、一方で盗聴者にうまく課すことができれば、QKD という新しい暗号の原理を提供するものとなる。

　最初に発明された BB84 プロトコルでは、非直交状態を含む 4 つの信号を用いる。BB84 は理論的にも実験的にも多くの研究の蓄積があり、技術的にも最も成熟しているため、本章では BB84 を取り上げてそれに特化した説明を行う。BB84 プロトコルは、パルスごとに正確に 1 個の光子のみを出射する単一光子源があれば、最もシンプルな実装で理想的な性能を実現することができる。しかし、実際にはそのような単一光子源はまだ極めて低速のものしか開発されていない。一方、通常のレーザー光源でも、3.2.3 項で述べるような適切な処置を施して使えば、現在、最も高速かつ長距離の QKD を実現することができる。

　減衰させたレーザー光は、真空と単一光子状態を主成分とする次のような状態ベクトル

$$|\alpha'\rangle = \mathrm{e}^{-|\alpha'|^2/2}\left[|0\rangle + \alpha'|1\rangle + O(|\alpha'|^2)\right] \tag{3.2}$$

として表される。ここで、平均光子数は十分小さい $|\alpha'|^2 \ll 1$ とする。記号 $O(|\alpha'|^2)$ は、$|\alpha'|^2$ より高次の項は無視できるほど小さいことを表す。

このような微弱なレーザー光を光子検出器で測定すると、ほとんどのパルスでは真空状態が検出され（何も出力がない）、まれに $|\alpha'|^2$ 程度の少ない頻度で単一光子状態が検出されることになる。実際の QKD では、このように単一光子状態が検出された事象のデータから暗号鍵を生成する。したがって、BB84 プロトコルは、単一光子検出器さえあれば、あとは光通信機器で使われるデバイスを用いて実装できるようになっている。

以下では、まず QKD の原理となる量子力学的性質について理解してもらうために、最も理解しやすい例として偏光モードにビット情報を符号化する方式から説明を始める。実際の光ファイバー伝送に適した符号化方式に関しては、3.2.3 項で再び触れる。

ビット値 0、1 の符号化は、入力光を 2 つの直交モードに振り分けることで行う。複数のモードを考える場合には、モードごとに異なる基底ベクトルのセットを用いる。水平、垂直偏光という 2 つの直交モードの場合には、$\{|0\rangle_H, |1\rangle_H, \cdots, |n\rangle_H, \cdots\}$ および $\{|0\rangle_V, |1\rangle_V, \cdots, |n\rangle_V, \cdots\}$ という 2 種類の基底ベクトルの組合せをもとにして、信号状態が表現される。

また、モード多重化された信号は、状態ベクトルのテンソル積[2] を用いて表される。例えば、ある向きに偏光したレーザー光の状態は $|\alpha\rangle_H \otimes |\alpha'\rangle_V$ のように表される。減衰させた水平、垂直偏光のレーザー光の状態は、

$$|\Psi_H\rangle = |\alpha\rangle_H \otimes |0\rangle_V$$
$$\sim e^{-|\alpha|^2/2}\left[|0\rangle_H \otimes |0\rangle_V + \alpha|1\rangle_H \otimes |0\rangle_V + O(|\alpha|^2)\right] \quad (3.3)$$
$$|\Psi_V\rangle = |0\rangle_H \otimes |\alpha\rangle_V$$
$$\sim e^{-|\alpha|^2/2}\left[|0\rangle_H \otimes |0\rangle_V + |0\rangle_H \otimes \alpha|1\rangle_V + O(|\alpha|^2)\right] \quad (3.4)$$

と表現される。偏波多重伝送された信号は、ファイバー伝送後、偏光ビームスプリッタで再び分離することができ、水平、垂直偏光モードを独立に

2 ここでテンソル積とは、2 つのモード H、V を同時に考える際、2 モード全体の線形空間を表現するために導入されるベクトルの積である。本書では、2 つ以上のモードを扱う際に、それぞれのモードのベクトル成分を並べて表記する手法と理解されたい。

測定することができる。それぞれの偏光モードを光子検出器で測定し、単一光子事象を集めて暗号鍵の生成に使うことになる。そのプロセスを説明するために、以下では、式 (3.3)、(3.4) の単一光子成分を簡略化して、

$$|H\rangle \equiv |1\rangle_H \otimes |0\rangle_V \tag{3.5}$$

$$|V\rangle \equiv |0\rangle_H \otimes |1\rangle_V \tag{3.6}$$

と表記する。これらは単一光子状態であるが、直交状態であり（$\langle H|V\rangle = 0$）、完全に識別できる古典信号である。

　単一光子の任意の偏光状態は、基底ベクトル $|H\rangle$, $|V\rangle$ の重ね合わせによって表現することができる。例えば、右斜、左斜偏光の状態ベクトルは

$$|45°\rangle = \frac{1}{\sqrt{2}}\Big(|H\rangle + |V\rangle\Big),$$
$$|-45°\rangle = \frac{1}{\sqrt{2}}\Big(|H\rangle - |V\rangle\Big)$$

と表現される。それぞれの成分は、単一光子が水平偏光状態でありながら、同時に垂直偏光状態にもあるという重ね合わせ状態である。このような重ね合わせ状態は、複数の状態が同時並行で存在する状態であり、量子力学の世界に特有の状態である。量子コンピュータは、この重ね合わせ状態を利用して超並列計算を実現する。2 つの直交状態からなる任意の重ね合わせ状態のことを量子ビットと呼ぶ。

　偏光状態は、偏光性結晶（複屈折性結晶）からなる波長板を通過させることで、図 3.3 に示すようにその偏光面を回転させることができる。特に、偏光を $-45°$ 回転させるように結晶軸をセットされた波長板に、右斜、左斜偏光状態 $\{|45°\rangle, |-45°\rangle\}$ を入射させると、それぞれ水平、垂直偏光状態 $|H\rangle$, $|V\rangle$ に変換される。

図 3.3　複屈折結晶からなる波長板による偏光の回転

慣習的に水平、垂直偏光の基底ベクトルの組 $\{|H\rangle, |V\rangle\}$ を Z 基底、右斜、左斜偏光の基底ベクトルの組 $\{|45°\rangle, |-45°\rangle\}$ を X 基底と呼ぶ（偏光のポアンカレ球表現の Z 軸、X 軸成分に由来する）。各基底の 2 値信号は互いに直交状態であるが、異なる基底間の各要素とは重なりを持つ。実際、内積は

$$\langle H | 45° \rangle = \langle H | - 45° \rangle = \frac{1}{\sqrt{2}},$$

$$\langle V | 45° \rangle = - \langle V | - 45° \rangle = \frac{1}{\sqrt{2}}$$

となり、互いに非直交状態の関係にある。図 3.4 に水平、垂直偏光基底と右斜、左斜偏光基底の図式化を示す。

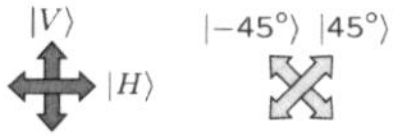

図 3.4　水平、垂直偏光基底と右斜、左斜偏光基底の図式化

このような非直交状態の信号は、誤りなく完全に識別することは原理的に不可能である（非識別性定理）[24, 25]。また、互いの状態を変えることなくコピーすることも不可能である（コピー不可能定理）[63]。このような非直交状態の信号（のセット）は QKD を成り立たせるための必須の要素であり、本書では、特に量子信号と呼ぶ。

Z 基底、X 基底のそれぞれの基底ベクトルは直交状態であるため、たとえ単一光子状態であっても古典信号と等価であり、完全に識別できる。したがって、ビット情報 0, 1 を符号化することができる。本書では、Z 基底に符号化されたビット情報を $Z0$, $Z1$ と記し、X 基底に符号化されたビット情報を $X0$, $X1$ と記す。偏光光子の Z 基底、X 基底による測定系は、図 3.5 に示すような素子で実現することができる。Z 基底の測定系は偏光ビームスプリッタ (Polarizing beam splitter: PBS) と 2 つの光子検出器 (0,1) からなり、X 基底の測定系はこれに波長板を加えた構成となる。波長板は偏光の向きを $-45°$ 回転させるように調整されている。偏光

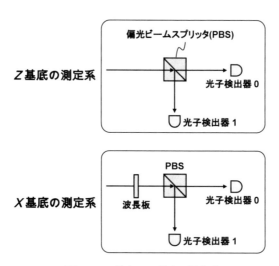

図 3.5　Z 基底、X 基底の測定系

ビームスプリッタは、水平偏光を直進透過させ、垂直偏光を直角方向に反射させる。

　したがって、Z 基底による測定では、$Z0$ を符号化した水平偏光光子 $|H\rangle$ は光子検出器 0 で、$Z1$ を符号化した垂直偏光光子 $|V\rangle$ は光子検出器 1 で検出される（図 3.6 参照）。一方、X 基底による測定では、$X0$ を符号化した右斜偏光光子 $|45°\rangle$ は光子検出器 0 で、$X1$ を符号化した左斜偏光光子 $|-45°\rangle$ は光子検出器 1 で検出される（図 3.7 参照）。

　これらに対して、X 基底の信号を Z 基底で測定した場合には、完全な識別が不可能になる。例えば、$X0$ を符号化した右斜偏光光子 $|45°\rangle$ を Z 基底の測定系に入射した場合を考える。右斜偏光光子 $|45°\rangle$ は、水平偏光 $|H\rangle$ と垂直偏光 $|V\rangle$ の重ね合わせ状態であり、また単一光子はそれ以上分割できないエネルギーの最小単位であるため、偏光ビームスプリッタにおいて、直進透過する出力ポートと垂直反射する出力ポートに等確率で振り分けられ、2 つのポートに同時に存在する重ね合わせ状態に変換される。光子検出器 0, 1 のどちらで検出されるかは原理的にランダムで予測不可能である。また、単一光子であることから、どちらか一方の光子検出器で

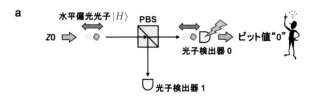

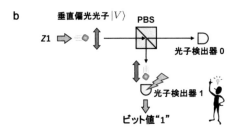

図 3.6 水平、垂直偏光光子の Z 基底による測定

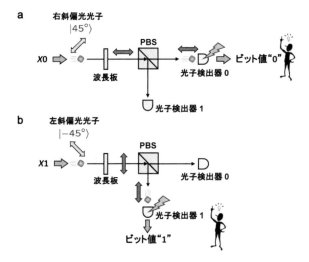

図 3.7 右斜、左斜偏光光子の X 基底による測定

のみ検出される。すなわち、X 基底の信号を Z 基底で測定した場合、測定
結果は 0 と 1 が等確率でランダムに現れる 1 ビットの真性乱数となる。図
3.8 にこの現象を図解する。したがって、盗聴者が $X0$ を Z 基底で測定す
る場合、ビット情報を読み出した後、送受信者にばれないように $X0$ を再
送しようとしても、必ずある確率で正しくない状態 $X1$ を再送してしまう
ことになる。送受信者は、この性質を利用して盗聴者への漏洩情報量を見
積もることができる。

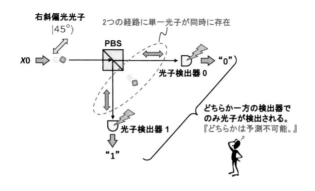

図 3.8　右斜偏光光子の Z 基底による測定

　以上のことから、まず送信者が Z 基底でビット情報 0, 1 を符号化して
伝送し、受信者は Z 基底で測定すれば、送受信者間で正しくビット情報を
共有することができる（もちろん通信路に損失や雑音があれば誤りが生じ
るが、適切な誤り訂正符号を用いることで誤りを限りなくゼロに近づける
ことができる）。これだけでは、盗聴者も Z 基底で測定すれば、ばれずに
正確にビット情報を盗み見ることができる。ところが、さらに送信者が X
基底の成分もランダムに紛れこませ、どのタイミングで Z 基底、X 基底を
送信したかを盗聴者にばれないようにした場合、盗聴者は必ず、ある確率
で本来受信者が手にすべき状態とは異なる状態を、受信者の信号系列に生
じさせてしまうことになる。このような量子力学的性質をうまく利用する
ことで、送受信者は盗聴者への漏洩情報量を見積もることができ、その結

果に応じて共有した乱数列に適切な圧縮処理をかけることで、盗聴者が手にしている情報とは全く相関のない安全な鍵を共有することができる。これが BB84 プロトコルの安全性保証の大まかな原理である。

3.2.2 QKD プロトコルと原理

QKD とは、前項で説明したような非識別性定理（あるいはコピー不可能定理）などの量子力学的な性質を使って、暗号鍵（真性乱数列）を 2 地点間で安全に作成・共有する方法である。そのプロトコルを実行する上で必要となる QKD システムの構成要素は、1.2 節で述べたように QKD 装置のペアと、これらを結ぶ量子通信路と公開通信路からなる QKD リンクである。

QKD プロトコルは、たいていの場合、次の 2 つの過程を順に実行する形になっている。

(I) 量子通信　量子通信路を介した光パルスの送受信操作

乱数列のビット情報 0, 1 に基づき、適切な量子信号を次々と生成して量子通信路で送り、適切な測定法を用いてこれらを検出し、暗号鍵のもととなるデータである生鍵 (raw key) を送受信者間で蓄積していく。量子信号は、少なくとも 2 つ以上の非直交状態を含んでいなければならない。

(II) 鍵蒸留処理　パラメータを推定し、生鍵から安全な暗号鍵を抽出する処理

(II–1) パラメータ推定

公開通信路を用いて蓄積したデータの一部を公開することで、生鍵から意味のある部分を抽出してふるい鍵 (sifted key) とするとともに、QKD 装置間でのふるい鍵のビット誤り率や、漏洩情報量といったパラメータを見積もる。

(II–2) 誤り訂正と秘匿性増強

QKD 装置間で公開通信路を介して通信しながら、ふるい鍵のビット誤りを誤り訂正し、さらに安全な暗号鍵（最終鍵：final

51

key）を抽出し共有する。

　QKD の運用に際しては、QKD 装置が盗聴者の手の届かない安全な場所で動作していること、および公開通信路の通信内容は改竄できないことが仮定されている。したがって、盗聴者が能動的な攻撃ができるのは量子通信路が使われる (I) の過程だけであり、(II) の過程では公開通信路を流れる情報を受動的に取得するだけである。

　QKD には様々な方式が知られているが、方式によって (I) の量子通信ブロックの通信方法が異なる。それに応じて (II–1) のパラメータ推定のやり方も、方式に応じて全く異なったものになる。一方、(II–2) の誤り訂正と秘匿性増強の過程は、どの方式であってもほぼ同じツールが使用されており、ビット誤り率と見積もられた漏洩情報量に応じた処理が行われる。

　BB84 プロトコルの概要を図 3.9 に示す。暗号分野においては、慣習的に、正規の送信者を Alice（アリス）、受信者を Bob（ボブ）、盗聴者を

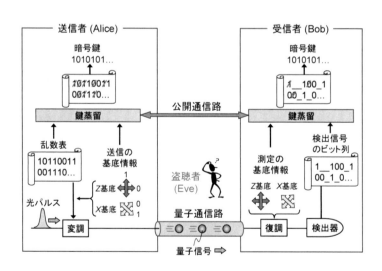

図 3.9　BB84 プロトコルの概要（構成概念図）

Eve（イブ）と呼ぶ。以下では、この慣習に従う。また、量子信号として単一光子の偏光状態を用いる場合を例にとって、BB84 プロトコルの概要を説明する。

(1) 量子通信

BB84 プロトコルでは、2 種類の偏光状態のセット、つまり、水平、垂直偏光の Z 基底 $\{|H\rangle, |V\rangle\}$、右斜、左斜偏光の X 基底 $\{|45°\rangle, |-45°\rangle\}$ を用意する。$\{|H\rangle, |V\rangle\}$ は $\{|Z0\rangle, |Z1\rangle\}$ と、$\{|45°\rangle, |-45°\rangle\}$ は $\{|X0\rangle, |X1\rangle\}$ と表記してプロトコルの記述を行う。アリスは、乱数表の各ビット情報 0, 1 をある時間スロットの光子に符号化する際、Z 基底、X 基底の中からどちらか一つをランダムに選択して、0, 1 をそれぞれ対応する偏光状態へ符号化する。したがって、送信する量子信号は、$\{|Z0\rangle, |Z1\rangle, |X0\rangle, |X1\rangle\}$ の 4 つの状態のうちの一つからなる。それぞれの基底内での状態ベクトルは互いに直交するが、Z, X の基底間での状態ベクトルは非直交状態となる。実際、その内積は

$$\langle Z0|\, X0\rangle = \langle Z0|\, X1\rangle = \frac{1}{\sqrt{2}} \tag{3.7}$$

$$\langle Z1|\, X0\rangle = -\langle Z1|\, X1\rangle = \frac{1}{\sqrt{2}} \tag{3.8}$$

となる。

ボブは、Z 基底、X 基底の中からどちらか一つを（アリスとは独立に）ランダムに選択して、光子を測定する。量子通信路内での光損失のため、光子が検出されない時間スロットも出てくる。なお、量子通信路内では雑音も存在し、送信状態とは異なる状態で検出される場合もある。

図 3.10 に偏光量子信号の送受信システムの具体的な構成例を示す。送信機内において水平、垂直偏光光子を生成する光源を、それぞれの水平、垂直光源と略称する。これらは、単一光子源と偏光板を組み合わせて構成される。水平偏光光子 $|H\rangle$、垂直偏光光子 $|V\rangle$ を偏光ビームスプリッタ (PBS) に入力することで同一の経路に出力することができる。偏光ビームスプリッタは水平偏光をそのまま通過させ、垂直偏光を反射する。また、偏光の回転は適切な角度に向けた半波長板 (Half wave plate: HWP)

によって行うことができる。送信機は、2 セットの水平、垂直光源を含み、Z0, Z1, X0, X1 のどれか一つが入力されると、それに応じて 4 つの対応する光源のどれか一つが光子を出射する。その後、偏光素子を介して $(Z0, Z1)$ あるいは $(X0, X1)$ に対応する量子信号に変換され、ビームスプリッタを介して量子通信路に入力される。

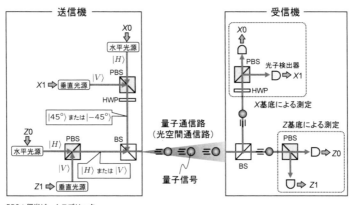

PBS：偏光ビームスプリッタ
BS　：ビームスプリッタ
HWP：半波長板

図 3.10　単一光子の偏光状態を使って BB84 プロトコルの 4 状態の量子信号を送受信するためのシステム

　受信機では、量子通信路から入力された光子がまずビームスプリッタを通過して、2 つの出力経路に分岐される。ところが、単一光子はそれ以上分割できない粒子であるため、実際には、2 つの経路のどちらにも等確率で存在する重ね合わせ状態に変換される。それぞれの経路の先には、Z 基底と X 基底による測定のための検出回路が配置され、量子信号の検出が行われる。それぞれ偏光ビームスプリッタの出力経路上のどちらの光子検出器が光子を検出したかで、0, 1 のビット情報の判定が行われる。Z 基底あるいは X 基底のどちらの検出回路で光子が検出されるかは等確率かつ

ランダムで予測不可能である。したがって、測定基底の選択を光子自身が
ランダムに行っていると解釈することもできる。

このような偏光量子信号に基づく QKD 方式は、地上ビル間の光空間通
信路で実際に実証されている [61]。一方、光ファイバー通信路の場合に
は、偏光状態の変動が大きく、その状態を補正しながら安定化するのは容
易ではない。そのため別の信号形態が用いられる。光ファイバー伝送用に
開発されている QKD システムの実際の構成については次の 3.2.3 項で説
明する。

(II) 鍵蒸留処理

この量子信号の伝送後に、アリスとボブはビット情報が 0 だったか 1
だったかは伏せておき、実際に用いた基底が Z だったか X だったか（基
底情報）のみを公開通信路を介して交換し合い、アリスとボブの基底が一
致するスロットのみを選択する（基底照合、図 3.11）。これによって残る
ビット列のことをふるい鍵という。

図 3.11　基底照合

次に、ふるい鍵の一部をテストビットとして抜き出してアリスとボブの
間で突き合わせ、ビット誤り率を評価する。もし量子通信路への盗聴があ
れば、それはビット誤り率の上昇となって現れる。なぜなら、イブがどん
なに盗聴法を工夫して量子通信路を流れる非直交状態の系列をコピーし情
報を得ようとしても、非識別性定理やコピー不可能定理のために、ボブへ
再送した系列には必ず誤りが生じてしまうためである。アリスとボブは、
それをふるい鍵からランダムに選んだテストビットを付き合わせることに
よって見抜く、という仕組みとなっている。

　実際にはイブがいなかったとしても、量子通信路に雑音がある場合には
やはりビット誤り率が高くなるが、これがイブによるものか雑音によるも
のか区別する方法はないので、量子通信路の雑音はすべてイブによる効果
であると考える。

　図 3.12 に、BB84 プロトコルの概要（アリスとボブの間でのビット情報
や基底情報の対応表）を示す。灰色の文字のビットはビット誤りを表す。

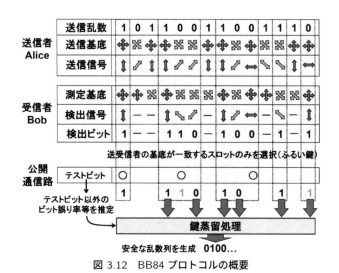

図 3.12　BB84 プロトコルの概要

　アリスとボブはテストビットのビット誤り率の結果をもとに盗聴量の多
少を判断し、盗聴された量が少ないと判断した場合、さらにビット誤り率
の値に応じた適切な誤り訂正と秘匿性増強という処理を行うことにより、
最終的に安全な乱数列を抽出して暗号鍵とする。鍵蒸留処理の詳細は、次
の 3.2.3 項の後半（図 3.21 とそれに関連する本文中）で、詳しく述べる。

3.2.3　QKD システムの実際の構成

　QKD システムは、光子を介して乱数のデータを共有するための量子通
信ブロック、共有した乱数データから安全な暗号鍵を取り出す鍵蒸留ブ

ロック、およびこれらを制御する制御ブロックからなる。制御ブロック
は、量子通信ブロックと鍵蒸留ブロックに乱数列を供給するとともに、量
子通信ブロックに同期信号を供給して時刻同期を取る。その大まかなシス
テム構成を図 3.13 に示す。同期信号は、物理的にはアリスが量子信号と
うまく多重化してから量子通信路内を経由してボブに送る場合が多い。以
下に、量子通信ブロックと鍵蒸留ブロックの詳細について説明する。

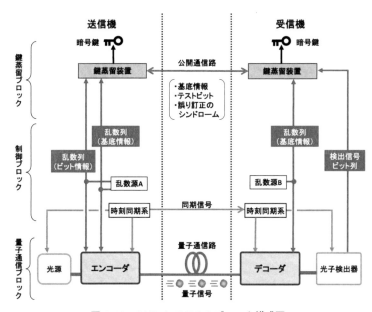

図 3.13　QKD システムのブロック構成図

(1) 量子通信ブロック

　量子通信ブロックは、光源、エンコーダ、量子通信路、デコーダ、光子
検出器からなり、同期信号を介して時刻同期しながら量子信号の伝送を
行う。

　光源としては、単一光子源ではなくレーザー光源を使うことが多い。実
際、レーザー光パルスでも、以下で述べるような制御を行うことで長距離
の QKD を実現できる。まず、送信側での制御として、以下の 4 つの処置

を施す。

(i) 微弱レーザー光　レーザー光を減衰させ、パルスあたり 2 光子以上含まれる確率が小さい微弱なパルスにしてから通信路に入れる。

(ii) 位相乱雑化　各ビットの状態間に位相相関が生じないよう、光源あるいは変調器を制御しパルスの位相を乱雑化する。

(iii) デコイ法 (decoy method)　複数光子成分による伝送性能の劣化を防ぐため、鍵生成に使う信号パルスのほかに、それとは異なる光強度のパルス（おとりパルス、あるいはデコイパルス）をランダムに入れ込む。

(iv) タイムビン信号 (time-bin signal)　2 つのパルスのペア（タイムビン）を生成し、そのペアにビット情報と基底情報を符号化する。

　(i) は単一光子を主成分とする状態を作るための要件、(ii) と (iii) は伝送性能を伸ばすための要件、(iv) は量子通信路が光ファイバーの場合に考慮すべき要件である。タイムビン信号は偏光信号に比べ、光ファイバー内で起こる擾乱の影響を、より効果的に抑制することができる。実際、2 つのパルスがほぼ同じ擾乱を受けるため、受信側で 2 つのパルスを干渉させてから光子検出することで、擾乱の影響を消し去ることができる。一方、量子通信路が空間通信路の場合には、偏光モードによる符号化を使うことが多い。以下、これらの点について実際のエンコーダの装置構成の例（図 3.14）に基づいて説明する。

　レーザー光は、エンコーダから出射する直前に減衰器を用いて減衰する。したがって、要件 (i) 微弱レーザー光はエンコーダ内で最後に行われ、それまでは十分な強度を持ったレーザー光（古典信号）のまま符号化を行う。レーザー光は位相の揃ったコヒーレント状態であるが、BB84 プロトコルの伝送性能を上げるためにはエンコーダでの異なる入力パルス間の位

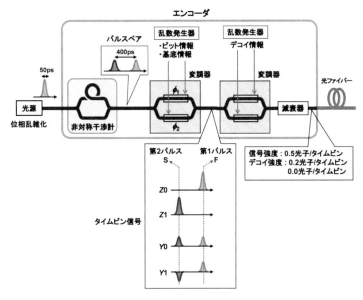

図 3.14 BB84 プロトコルを光ファイバー伝送用途で実際に実装する際に使われるエンコーダの構成とタイムビン信号の概要

相には相関が存在してはならない（要件 (ii) 位相乱雑化）[3]。もし、パルス間に位相相関があると、イブはパルス列から位相を推定し、デコイ法の効果を打ち消すような量子測定を行うことができるため、安全性が劣化する [58]。典型的な高速 QKD 装置の実装例では、1.244 GHz の繰返しレートで、このような位相相関のないレーザー光パルスを生成する。パルス時間幅は 50 ピコ秒（5×10^{-12} 秒、50 ps）程度である。レーザー光パ

---

3 ただし、差動位相シフト型量子鍵配送 (differential phase-shift QKD) プロトコルのように、あえてレーザーパルス間の位相関係にビット値を符号化するプロトコルもある。本書では、BB84 プロトコルに特化しているため、レーザー光源はパルス間に位相相関が現れないものを用いるものとする。例えば、発振閾値以下の直流電流を印加し、かつ適切な時間周期で発振するよう正弦波駆動した半導体レーザーなどを用いる場合には、パルスごとに独立なレーザー発振が起こるため、パルス間の位相には相関が生じなくなる。これに対して、モードロックレーザーや連続発振するレーザー光をチョップしてパルス化した光源では、パルス間に位相相関が現れるため、BB84 プロトコルでは望ましくない。もし、これらのタイプの光源を使う場合には、量子通信路へ送信する前にパルスごとにランダムに位相変調を施す必要がある。

ルスは、800 ps の間隔でエンコーダに次々に入力される。これらのパル
ス系列を $|\alpha_1\rangle$, $|\alpha_2\rangle$, $|\alpha_3\rangle$, ...、ここで振幅が $\alpha_1 = |\alpha|e^{i\theta_1}$, $\alpha_2 = |\alpha|e^{i\theta_2}$,
$\alpha_3 = |\alpha|e^{i\theta_3}$, ... とすると、位相 θ_1, θ_2, θ_3, ... が互いに相関なくランダ
ムに変化していなくてはならない。このような位相乱雑化されたレーザー
光パルスの正確な記述については、すぐ後で解説する。ここでは、ある位
相のレーザー光パルスがエンコーダに入力されたとして、それがどのよう
にビット情報と基底情報を符号化され要件 (iv) のタイムビン信号として
出力されるかを説明する。

　レーザー光パルスは、いったん分岐し長さの異なる 2 つの光路を通過
させてから合波する（非対称干渉計を通過させる）ことにより、時間に
して 400 ps の遅延を持つパルスペアに変換される。このパルスペアは
$|\alpha\rangle_F \otimes |\alpha\rangle_S$ と記述される。ここで、添え字 F, S は、時間的に前にある
第 1 パルス (First)、後ろにある第 2 パルス (Second) というパルス位置
モードを表す添え字である。その後、パルスペアは 2 つの電極を持った 2
重駆動型の光変調器に入力される。そして、パルスペアは光変調器内で 2
本の単一波に分波され図 3.13 の制御ブロックの乱数源 A から提供される
乱数列に応じて、それぞれの電極でビット情報と基底情報に対応する位相
ϕ_1, ϕ_2 の変調を受けてから合波され、タイムビン信号となって出力され
る。2 重駆動型光変調器[4]では、入力パルスのコヒーレント振幅 α に対し
て

$$\alpha \mapsto \alpha \exp\left(i\frac{\phi_1 + \phi_2}{2}\right) \cos\left(\frac{\phi_1 - \phi_2}{2}\right) \tag{3.9}$$

という変換が行われる。この機能にしたがって、第 1 パルスと第 2 パルス
に図 3.15 に示すような ϕ_1, ϕ_2 の変調を施し、以下のような 4 つのタイム
ビン信号を生成する。

$$|\Psi_{Z0}\rangle = |\alpha\rangle_F \otimes |0\rangle_S \tag{3.10}$$

$$|\Psi_{Z1}\rangle = |0\rangle_F \otimes |\alpha\rangle_S \tag{3.11}$$

4　2 重駆動型の光変調器を用いる理由は、所望のタイムビン信号を生成する上で、各電極で
　2 値の位相変調、すなわち 1 ビット分の変調信号のみで済むためである。これに対して、
　片側光路の単一電極の光変調器では 4 値（2 ビット）の変調が必要で、電気回路の構成が
　若干複雑になる。

$$|\Psi_{Y0}\rangle = \left|\frac{\alpha e^{-i\frac{\pi}{4}}}{\sqrt{2}}\right\rangle_F \otimes \left|\frac{\alpha e^{i\frac{\pi}{4}}}{\sqrt{2}}\right\rangle_S \tag{3.12}$$

$$|\Psi_{Y1}\rangle = \left|\frac{\alpha e^{i\frac{\pi}{4}}}{\sqrt{2}}\right\rangle_F \otimes \left|-\frac{\alpha e^{-i\frac{\pi}{4}}}{\sqrt{2}}\right\rangle_S \tag{3.13}$$

ここで、$|\Psi_{Z0}\rangle, |\Psi_{Z1}\rangle$ は Z 基底、$|\Psi_{Y0}\rangle, |\Psi_{Y1}\rangle$ は Y 基底に対応する状態である。これらの 4 つの状態は、3.2.2 項で用いた偏光モードでの Z 基底、X 基底と QKD に関する機能上、全く等価な効果を持っている。Y 基底を用いる理由は、実際の変調器を構成する際の便宜上と電圧印加した際の安定動作上の理由による。

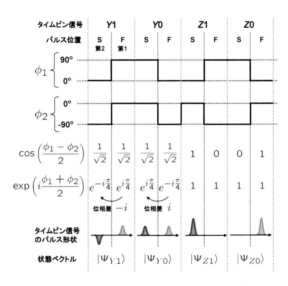

図 3.15 BB84 プロトコルで使う 4 つのタイムビン信号を生成するための位相 ϕ_1, ϕ_2 の変調法

　その後、タイムビン信号は 2 つ目の 2 重駆動型光変調器に入力され、要件 (iii) デコイ法に従って複数種類の強度のどれかにランダムに変調されてから、次に減衰器を通り微弱な光パルスに成形され、最後に量子通信路の光ファイバーへ入力される。デコイ法の一例として、信号強度を $|\alpha|^2 = 0.5$ 光子/パルスペア、デコイ強度を $|\alpha|^2 = 0.2$ 光子/パルスペアと $|\alpha|^2 = 0$ 光子/パルスペア（真空状態）の 2 種類に設定する例などがある。

　現実のレーザー光では、2 光子以上がパルス内に含まれる確率を完全に消し去ることはできない。したがって、タイムビンパルス内に 2 光子以上を含む状態もわずかながら残ってしまう。そうすると、イブが光子を 1 個抜き取り、残りの光子をボブへそのままの状態で送るという、いわゆる光子数分離攻撃が可能になる。この場合、基底とビットの内容は変化しないので、ビット誤りは全く生じない。したがって、盗聴も検知できなくなる。デコイ法はこのような攻撃への耐性を高め、伝送距離を伸延する効果がある。

　図 3.14 にある実際の光源からは、位相乱雑化されたレーザー光がエンコーダに入力される。一方、式 (3.10) ～ (3.13) のタイムビン信号は、ある一つの位相 θ を持つコヒーレント状態（振幅 $\alpha = \sqrt{\mu}e^{i\theta}$、ここで $\sqrt{\mu} \equiv |\alpha|$）に対する表現である。実際の位相乱雑化されたタイムビン信号は、この位相 θ が 0 から 2π までどの値も等確率で取る状態である。これは、いろいろな位相のコヒーレント状態 $|\sqrt{\mu}e^{i\theta}\rangle$ が統計的に混合した状態である。このような統計的な混合状態を表現するためには、実は状態ベクトルのみでは不十分である。つまり、量子力学における重ね合わせ状態やさらには統計的混合状態まで含めた、最も一般的な状態を表現するためには、行列表現を用いる必要がある。この行列は密度行列と呼ばれる。4 つのタイムビン信号の正確な密度行列表現は、付録 A.2 を参照されたい。

　ここでは、減衰器を通ったパルスは平均光子数が 1 個以下の微弱な光であることを考慮した以下のような近似表現を示す。

$$\hat{\Psi}_{Z0} = e^{-\mu}\left[|0\rangle_{Z0}\langle0|_{Z0} + \mu|1\rangle_{Z0}\langle1|_{Z0} + O(\mu^2)\right] \tag{3.14}$$

$$\hat{\Psi}_{Z1} = e^{-\mu}\left[|0\rangle_{Z1}\langle0|_{Z1} + \mu|1\rangle_{Z1}\langle1|_{Z1} + O(\mu^2)\right] \tag{3.15}$$

$$\hat{\Psi}_{Y0} = e^{-\mu}\left[|0\rangle_{Y0}\langle0|_{Y0} + \mu|1\rangle_{Y0}\langle1|_{Y0} + O(\mu^2)\right] \tag{3.16}$$

$$\hat{\Psi}_{Y1} = e^{-\mu}\left[|0\rangle_{Y1}\langle0|_{Y1} + \mu|1\rangle_{Y1}\langle1|_{Y1} + O(\mu^2)\right] \tag{3.17}$$

これらの状態は、主に真空状態と単一光子状態からなり、2 光子以上の多

光子状態がわずかな $O(\mu^2)$ 程度の確率で混じった状態である[5]。例えば平均光子数 $\mu = 0.5$ の信号の場合、$P(0) = 0.607$ の確率で何もない真空状態が検出され、$P(1) = 0.303$ の確率で単一光子状態が検出される。2 光子以上が検出される確率は $P(n \geq 2) = 0.09$ となる。単一光子成分は

$$|1\rangle_{Z0} = |1\rangle_F \otimes |0\rangle_S \tag{3.18}$$

$$|1\rangle_{Z1} = |0\rangle_F \otimes |1\rangle_S \tag{3.19}$$

$$|1\rangle_{Y0} = \frac{1}{\sqrt{2}} \left(|1\rangle_F \otimes |0\rangle_S + i\, |0\rangle_F \otimes |1\rangle_S \right) \tag{3.20}$$

$$|1\rangle_{Y1} = \frac{1}{\sqrt{2}} \left(|1\rangle_F \otimes |0\rangle_S - i\, |0\rangle_F \otimes |1\rangle_S \right) \tag{3.21}$$

と表される。直感的なイメージを図 3.16 に示す。$|1\rangle_{Z0}$、$|1\rangle_{Z1}$ はそれぞれ第 1 パルス、第 2 パルスに光子が 1 個存在する状態である。$|1\rangle_{Y0}$、$|1\rangle_{Y1}$ は第 1 パルスと第 2 パルスに光子が 1 個、同時に存在する重ね合わせ状態であり、パルス間の位相が互いに $180°$ 異なる状態である。各基底の 2 値信号は互いに直交状態であるが、異なる基底間の各要素とは重なりを持つ。実際、内積は

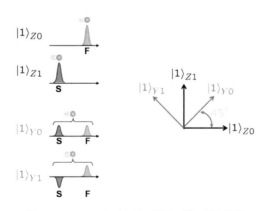

図 3.16　4 つのタイムビン信号の単一光子状態

63

$$Z_0 \langle 1 | 1 \rangle_{Y0} = Z_0 \langle 1 | 1 \rangle_{Y1} = \frac{1}{\sqrt{2}},$$

$$Z_1 \langle 1 | 1 \rangle_{Y0} = -Z_1 \langle 1 | 1 \rangle_{Y1} = \frac{i}{\sqrt{2}}$$

となり、互いに非直交状態の関係にある。

　タイムビン信号の受信機については、いくつかの構成法が知られている。図 3.17 に 2 入力 4 出力型の非対称干渉計によるデコーダと 4 つの光子検出器からなる構成例を示す。この構成例は、図 3.10 に示した 4 つの偏光状態を識別するための受信機と同様のものである。具体的な復調と Z 基底、Y 基底に対応する測定法を、それぞれ図 3.18、図 3.19 に示す。タイムビン信号が非対称干渉計を通過すると、遅延時間に相当する間隔だけ離れた（Z 基底では 2 つの、Y 基底では 3 つの）時間位置にパルスが分離され 4 つの出力ポートへ分岐してゆく[6]。光子検出器では、真ん中の時間ウィンドウのみを選択して観測し、第 1 あるいは第 4 ポートに光子が検出されればそれぞれ $Z0, Z1$ と判定し、第 2 あるいは第 3 ポートに光子が検出されればそれぞれ $Y0, Y1$ と判定する。その前後の時間ウィンドウにあるサテライトパルスからの信号は無視する。単一光子が経路の分岐点を通過すると 2 つの出力経路に同時に存在する重ね合わせ状態に変換されるため、Z 基底あるいは Y 基底の選択はランダムに等確率で行われる（図 3.10 に関する説明を参照）。そのため、この方式では測定基底の選択のための乱数が不要となる。一方、デコーダは 2 つの入力に対して 4 つの出力ポートがあるため、実効的に 50% の回路損失が生じ、その分、鍵生成レートが低下する。盗聴や伝送過程でのエラーがあれば、本来出るはずのポートとは異なるポートに光子が検出される。「どのポートから何時何分何秒に光子が検出されたか」についての検出信号の情報が、制御ブロック

6　式 (3.14) ～ (3.17) のタイムビン信号 $\hat{\Psi}_{Z0}$, $\hat{\Psi}_{Z1}$, $\hat{\Psi}_{Y0}$, $\hat{\Psi}_{Y1}$ が非対称干渉計を通過する際の状態変化は、一見すると分かりづらいが、位相 θ で平均化する前の個々の成分、式 (3.10) ～ (3.13) の $|\Psi_{Z0}\rangle$, $|\Psi_{Z1}\rangle$, $|\Psi_{Y0}\rangle$, $|\Psi_{Y1}\rangle$ ごとに分けて出力ポートまでの状態変化を追えばよい。なお、図 3.17、図 3.18、および図 3.19 では、非対称干渉計の上腕の遅延経路における位相変化は 90° と仮定している。また、図 3.18、図 3.19 の出力パルスの振幅は、正確には複素数を含むものもあるが、省略して係数の正負のみを取り出して図式化している。

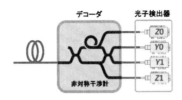

図 3.17　2 入力 4 出力型の非対称干渉計と 4 つの光子検出器による受信機構成

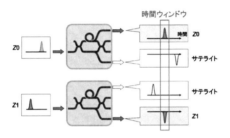

図 3.18　2 入力 4 出力型のデコーダによる Z 基底の復調の原理

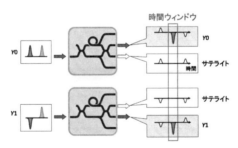

図 3.19　2 入力 4 出力型のデコーダによる Y 基底の復調の原理

を経由して時刻同期などの調整がされた後、鍵蒸留装置に送られる。

　もう一つの受信機として、変調機能を持つ非対称干渉計と 2 つの光子検出器からなる構成例を図 3.20 に示す（正確には、この受信機は X 基底と Y 基底を用いる場合に機能する）。制御ブロック（図 3.13）の乱数源 B から提供される乱数列に応じて、非対称干渉計の変調パラメータが設定され、測定基底の選択が行われる。そして、非対称干渉計は、受信したタイムビン信号をその種類に応じて異なる出力ポートへ振り分ける。どちらの

光子検出器に光子が検出されたかで 0、1 の判定を行う。この方式では、2
入力 2 出力のデコーダを用いているため、最初の例のような 50% の回路
損失は生じないが、光変調器と測定基底選択用の乱数が必要となる。

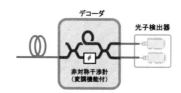

図 3.20　2 入力 2 出力型の非対称干渉計と 2 つの光子検出器による受信機
構成

(2) 鍵蒸留ブロック

　鍵蒸留ブロックは、送受信者の鍵蒸留装置とそれらを繋ぐ公開通信路か
らなる。制御ブロックの乱数源 A、B からは、エンコーダとデコーダに提
供したものと同じ乱数列が、それぞれアリスとボブの鍵蒸留装置に提供さ
れる。また、光子検出器からの検出信号が、制御ブロックを経由してボブ
の鍵蒸留装置に提供される。ボブの検出信号とそれに対応するアリスの乱
数列のデータを突き合わせて並べたものが生鍵である。このようにして共
有された生鍵に、これから述べるような鍵蒸留処理を施して最終的な暗号
鍵を抽出する。

　図 3.21 に、鍵蒸留処理の大まかな流れをまとめる（BB84 プロトコル
に準拠している）。光子伝送の後、アリスとボブには膨大な生鍵のデータ
が蓄積される。そのデータをできるだけ大きなブロック、例えば 100 万
ビット程度のブロックにまとめ、そのブロック単位で以下の鍵蒸留処理を
行う。

1.　まず、最初に公開通信路を介して基底照合を行って、同じ基底だっ
　　たビット列をふるい鍵 として抽出する。
2.　次に、ふるい鍵の一部をランダムに選んでテストビットとして切り
　　出し、公開通信路を介して送受信者間で共有して、ビットの食い違
　　いの割合、いわゆるビット誤り率 P_B を計算する。

3. 2.の値がある閾値 P_{th} より大きければ $(P_B \geq P_{th})$ 盗聴があったと判断し、このブロック全体を破棄して鍵蒸留は中止する。もし閾値より小さければ $(P_B < P_{th})$、ふるい鍵に誤り訂正処理を施す。

4. さらにビット誤り率から漏洩量を推定し、それに応じた秘匿性増強処理を行って最終的に安全な暗号鍵を抽出する。

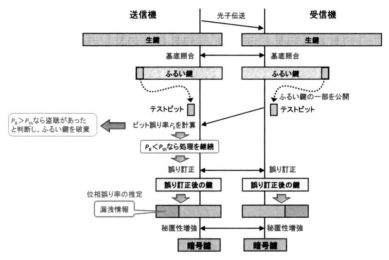

図 3.21　鍵蒸留処理の流れ

　たとえイブが盗聴を行っていても、ビット誤り率が閾値より小さければ $(P_B < P_{th})$、秘匿性増強によって誤り訂正後の鍵から見積もった漏洩情報量に応じて、短縮されたビット列に変換する。この秘匿性増強はハッシュ関数を用いて行われる。例えば、標準的な BB84 プロトコルの場合、閾値は $P_{th} \sim 11\%$ 程度である。

　なお、QKD におけるビット誤りは、現実的には盗聴以外にも、量子通信路上での伝送エラー、変調・復調時の装置エラー、光子検出器の雑音からも生じる。このような装置不完全性によるビット誤りを盗聴に起因するビット誤りと完全に切り分けることは不可能なので、すべて盗聴に起因す

るもの、つまり、アリスとボブにとって最も不利な条件として考えること
により安全性を確保する。

　最新の QKD 装置では、数十 km の敷設ダークファイバー上でのビット
誤り率 P_B を数 % 程度まで抑えることができるようになっている。ビッ
ト誤り率が閾値 P_{th} を超えて上昇すれば、盗聴があったと判断される。従
来の光通信路の診断技術では、光子を通信路から抜き取って測定した後、
通信路へ戻して再送するという攻撃を検出することはできないが、QKD
装置ではこのような巧妙な中間者攻撃でも検知することができる。

　さらに、将来開発されるもっと巧妙な攻撃でも、光通信路からの情報漏
洩に繋がるあらゆる攻撃はすべて検知することができる。これは従来の暗
号技術にはない大きなメリットであり、光通信インフラへの盗聴が現実化
する中で、極めて重要な意味を持つ。一方で、情報理論的安全性を保証す
るために、距離や速度といった通信性能はある程度犠牲にならざるを得な
い。QKD リンクで直接配送できる性能としては、日本製の装置の場合、
敷設ファイバー 50km 圏で暗号鍵生成レートが毎秒 20 万 ～ 30 万ビット
(200 ～ 300kbps) 程度である。つまり、リアルタイムでワンタイムパッ
ド暗号化できる速度は、まだ高々 MPEG–4 の動画データである。

3.3　QKD プラットフォーム

　QKD ネットワークの構築にはまだ高いコストがかかるものの、いったん生成された暗号鍵は、正しく蓄積し管理・運用することによって、様々
な通信機器や制御機器に供給しセキュリティ強化に活用することができ
る。また十分な鍵サイズがあれば、暗号化は平文と鍵の単純な論理和なの
で、暗号方式の大幅な簡素化が可能になる。そのため、処理遅延がほとん
ど解消されるとともに、通信機器間の暗号化方式も統一化しやすくなる。
このメリットは、特殊な重要通信用途などでより顕著になる。実際、特殊
な重要通信用途では、広く普及しているインターネット等とは切り分けら
れた専用の暗号ネットワークシステムが用いられることが多く、その暗号
仕様は非公開であることがほとんどである。ある一つの機関でも、組織が

異なると暗号ネットワークシステムの方式や仕様が異なる場合も多く、組織間で秘匿通信が必要となった場合に、相互接続が容易ではないという問題が存在する。QKD ネットワークの導入はこのような問題の解消にも役立つ可能性があり、相互接続性の向上に有効であると期待される。

ここで言う相互接続性の向上とは、ネットワークの接続性の向上ではなく、異なる組織が使用する暗号アルゴリズムが非公開のため共通化されていない現状で、どうやって暗号を共通化していくかという問題への一つの解決策のことである。既存暗号を用いて異なる組織間で暗号アルゴリズムの共通化を図る労力に比べれば、統一された QKD を用いて単純な排他的論理和で真性乱数を共有化する方が相互接続性の向上に貢献すると期待できる。さらに人手による拠点間の運搬についても、代わりに QKD を用いることによりリスクの軽減が期待できる。

このような新しい付加価値の実現に必要となる効率的な鍵管理機能と、様々なアプリケーションをサポートするインターフェースを QKD ネットワークに搭載し、ユーザがブラックボックスとして使えるようなネットワークソリューションの形に仕上げたシステムを、ここでは特に QKD プラットフォームと呼ぶ [52, 53, 57]。これは図 3.22 に示す通り、量子レイヤと鍵管理レイヤおよび鍵供給レイヤという 3 つのレイヤから構成される。

量子レイヤでは、光子を使って QKD により暗号鍵の配送を行う。QKD そのものは、光ファイバーあるいは光空間通信などの光通信路を介して 1 対 1 のリンクで行う。ネットワーク化は、1.3 節（特に図 1.3）で述べたようにトラステッドノードを設け、そこに 2 つの QKD リンクの端点を引き込んで、一方の QKD リンクからの暗号鍵を他方のリンクの暗号鍵でカプセル化（鍵のビット値の排他的論理和）して、バケツリレーのように行うことで実現する。この鍵リレーを行うのが鍵管理レイヤである。つまり、各 QKD リンクで生成した暗号鍵を、上にある鍵管理レイヤに吸い上げて管理・運用する。

鍵管理レイヤでは、各ノードに鍵管理エージェント (KMA) という装置があり、正規のユーザ以外に誤って暗号鍵をリレーしてしまわないように、認証技術と組み合わせながら、安全な鍵リレーを実現する。そこで用

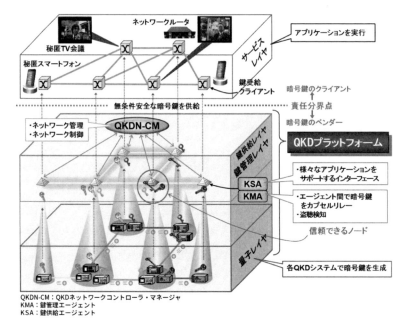

QKDN-CM：QKDネットワークコントローラ・マネージャ
KMA：鍵管理エージェント
KSA：鍵供給エージェント

図 3.22　QKD プラットフォームの概念図

いる認証方式としては、計算量的安全性ではなく情報理論的安全性に基づ
く Wegman–Carter 認証方式 [7] を用いることが推奨される。

　対象とするアプリケーションやそれを実装している機器によって、暗号
鍵の要求やその受け渡し作業の仕様は一般的に異なる。様々なアプリケー
ションへ暗号鍵を自在に供給するために、鍵管理エージェントの直上に鍵
供給エージェント (KSA) を定義し、その中に必要となるアプリケーショ
ンインターフェースを組み込んでいる。この鍵供給エージェントからなる
レイヤを鍵供給レイヤと呼ぶ。鍵供給レイヤを定義することによって、鍵
供給ベンダー側と鍵受給クライアント側でのインターフェース設計作業
や責任分界を明確化できる。物理的には、鍵管理エージェントも鍵供給
エージェントも通常、同一装置（パソコンなど）内に実装されるため、鍵
管理レイヤと鍵供給レイヤは縮退している。

　また、QKD ネットワークコントローラ・マネージャ (QKDN-CM) が
ネットワーク全体での暗号鍵の蓄積状況、消費状況、盗聴の有無などを集

中管理し、盗聴攻撃があった際の経路切り替えなどの QKD ネットワークの制御を行う。

このように、QKD そのものを行う量子レイヤ、暗号鍵の管理・運用を行う鍵管理レイヤ、アプリケーションインターフェースを搭載した鍵供給レイヤ、ネットワーク全体を制御し管理する QKD ネットワークコントローラ・マネージャによって QKD プラットフォームというシステムが構成されている。

これを既存のネットワークに導入することで、従来のセキュリティ機能はそのまま維持しつつ、フォワードシークラシーを持つ暗号鍵によって様々なアプリケーションのセキュリティ強化が可能となる。図 3.22 の中にあるサービスレイヤは、暗号鍵を利用するアプリケーションが存在するレイヤであり、従来のネットワークまたは将来のネットワークにおける任意の通信リンクである。サービスレイヤのユーザ（クライアント）は、QKD プラットフォームに対して暗号鍵を共有したい相手を伝えて、必要な量の暗号鍵を要求する。QKD プラットフォームは、この要求に対してフォワードシークラシーを持った暗号鍵を所定のフォーマットで供給する。いったん QKD プラットフォームから供給された暗号鍵は、ユーザの責任において利用する。このように、責任分界点は QKD プラットフォームとサービスレイヤの境界にある。この境界では、標準化された共通のインターフェースを用いて暗号鍵の要求と供給、受給が行われることが重要である。このようにすることで、アプリケーションの開発者は標準化された共通のインターフェースに対応した鍵受給クライアントをアプリケーション内に作るだけで鍵供給を受けることができ、QKD プラットフォーム内部での処理の詳細を知る必要がない。一方で、鍵が供給された後の管理責任は、サービスレイヤのユーザが負うことになる。逆に、QKD プラットフォームの側では、アプリケーションの内容を知る必要はない。

万が一、サービスレイヤ上のどこかで、ヒューマンエラーによる暗号鍵の漏洩など不測の事態や不審なインシデントがあった場合には、ユーザは保管していた暗号鍵のブロックを破棄して QKD プラットフォームから新しい暗号鍵を受け取ることで、堅牢なセキュリティをネットワーク上で維持することが可能になる。

第 **4** 章

QKDを活用した
セキュリティ強化の
具体例

4.1　ネットワーク階層モデル

4.1.1　OSI 参照モデル

　情報通信ネットワークの設計、構築、運用、障害対応において、最も基本的なフレームワークとして用いられてきた代表的なモデルは、国際標準化機構 (ISO) によって 1984 年に制定された開放型システム間相互接続 (Open Systems Interconnection: OSI) の参照モデル、いわゆる OSI 参照モデルである。OSI 参照モデルが策定される以前は、コンピュータネットワークは、単一のベンダーの製品だけで構成されており、異なるベンダーのコンピュータ同士の通信を行うのは難しかった。ネットワークの普及に伴い、異なるベンダーの機器との接続の要望が増えたため、OSI 参照モデルが策定されたのである。

　OSI 参照モデルでは、表 4.1 に示すように通信機能を 7 階層（レイヤ）に分割して定義している。表内のセッションとはアプリケーション同士の論理的な経路を指し、コネクションとはノード間におけるの論理的な経路を指す。またやり取りされるデータの単位に関しては、レイヤ 2 ではフレーム、レイヤ 3 ではパケット、レイヤ 4 ではセグメントと呼んでいる。したがって、データ通信に関しては、レイヤ 2 スイッチではフレーム転送、レイヤ 3 スイッチではパケット転送と呼ばれる。

　このようにレイヤ構造の標準化が行われることによって、通信事業者、技術者、一般ユーザは、それぞれの関与するレイヤにおいて他のレイヤを気にすることなく、装置製作やアプリケーションの開発を行うことが可能になる。

　当初、OSI 参照モデルに準拠したコンピュータやソフトウェアが開発されていくことを想定していたが、1990 年代に TCP/IP（Transmission Control Protocol と Internet Protocol を組み合わせたもの）が急速に普及したことで、OSI 準拠製品はあまり普及しなかった。実際、各メーカーの機器は、OSI 準拠製品ではなく TCP/IP を実装させた製品としてリリースされてきた。しかし、現在でも OSI 参照モデルはネットワーク通信の基本的な考え方として使用されており、ネットワークエンジニアが設

表 4.1　ネットワークの標準的な階層モデル（OSI 参照モデル）

レイヤ名	機能
レイヤ 7: アプリケーションレイヤ	Web ページや電子メールなどの通信サービスが実現できるよう通信手順、データ形式などを定義。ユーザが直接接するレイヤ。
レイヤ 6: プレゼンテーションレイヤ	圧縮方式、文字コード、データの暗号/復号などのデータの表現形式の規定を定義。例えば、送信側が Windows で日本語コード shift JIS を使用していれば、ネットワークの標準的な表現形式に変換して送信し、受信側が UNIX であれば文字コード EUC に変換して表示。
レイヤ 5: セッションレイヤ	アプリケーション間での通信の開始から終了までの手順（セッション）の確立、維持、終了までの手順を規定。例えば、Web ブラウザで送受信しているデータをメーラで送受信しないよう各アプリケーション同士の論理的な経路を制御。接続が途切れた場合、接続回復を試みる。
レイヤ 4: トランスポートレイヤ	セッションを開始する上で必要なポート番号の割り当てについて規定し、ネットワークのノードからノードまでの通信を管理。TCP コネクションの確立、エラー訂正、再送制御、順序制御等、データ伝送の信頼性を提供。
レイヤ 3: ネットワークレイヤ	起点ノードから宛先（IP アドレスなど）に基づきルータや中継器を介して終端ノードまでの通信経路の選択と設定、制御を規定。
レイヤ 2: データリンクレイヤ	直接的（隣接的）に接続されている通信機器間での信号の受け渡しを規定。例えば、LAN では各通信機器に固有の MAC アドレス[1]を割り当て Ethernet により同じセグメント内の通信機器間の通信を行う。また FCS[2]を付加し受信フレームの誤り検出と訂正を行う。
レイヤ 1: 物理レイヤ	光ファイバーや銅線などの物理的な通信路へのインターフェースを規定し光信号や電気信号を伝送。

---

1 通信機器固有のアドレス。

2 データの誤り検出と訂正を行うためにフレーム内に付与される特別なチェックサム符号。

計、構築、障害対応などをする際、OSI 参照モデルに基づいて話をすることが一般的である。送信側では図 4.1 に示すように、レイヤ 7 → 6 → 5 → 4 → 3 → 2 → 1 の順番に処理を行ってゆく。各レイヤの規定通りに順番に処理されると、処理した情報はヘッダとしてデータの前に付加されてゆく。このように上位レイヤの処理情報をヘッダとして下位レイヤで包み込んでいくことをカプセル化という。そしてレイヤ 7 から順番に処理されていくと、レイヤ 1 の処理を経て、データが最終的に電気信号や光信号となって送信される。

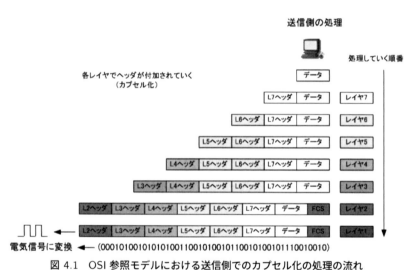

図 4.1　OSI 参照モデルにおける送信側でのカプセル化の処理の流れ

　一方、受信側では図 4.2 に示すように、受信した信号をレイヤ 1 → 2 → 3 → 4 → 5 → 6 → 7 の順で処理してゆく。

　レイヤ 1 では受信信号をビット列に変換してコンピュータ上に取り込んでいき、レイヤ 2 では L2 ヘッダの情報に基づいて処理した上で L2 ヘッダを取り外す。レイヤ 3 以降も同様に、ヘッダ情報に基づいて処理した上でヘッダを取り外し、最終的には受信側のコンピュータのアプリケーション上でもとのデータを受け取る。このように、下位レイヤから上位レイヤに行くにつれて各レイヤのヘッダを取り外していくことを非カプセル化と

図 4.2 OSI 参照モデルにおける受信側での非カプセル化の処理の流れ

いう。

　この OSI 参照モデルに基づいて、最新の情報通信ネットワークの全体構造を正確に捉え、各レイヤのセキュリティ脅威を分析し整理することによって、QKD プラットフォームからの暗号鍵をどのレイヤに供給し、既存のセキュリティ技術とどのように組み合わせるのがよいかを俯瞰的に考えることが可能になる。

4.1.2　OSI 参照モデルの各レイヤにおけるセキュリティ脅威と対策

　セキュリティ脅威と対策の主要なものを、OSI 参照モデルに沿って表4.2 にまとめる。サイバーセキュリティにおいて主に検討されるのは、レイヤ 4 より上位レイヤにおけるマルウェア対策であることが多い。また、認証や秘匿化を行う暗号技術は、情報通信システムの装置とは独立した数学アルゴリズムとして、主にレイヤ 3 とレイヤ 4 にプログラム実装されている。QKD 技術は、レイヤ 1 からレイヤ 4 までのセキュリティの直接的な強化に有効である。また、これらのレイヤのセキュリティが強化されれば、上位層でのサイバーセキュリティ対策も、より盤石なものとなる。現

表 4.2　OSI 参照モデルの各レイヤにおける脅威と対策

レイヤ名	脅威	対策
レイヤ 7	脆弱性の攻撃 データベースからの情報漏洩	脆弱性検査、修正パッチ 侵入検知、認証、アクセス制御
レイヤ 6	マルウェア 暗号・圧縮ストリームからの情報漏洩 サイト横断スクリプト処理、ページ改竄	アンチマルウェアソフト OS 更新、修正パッチ 処理アルゴリズムの更新 入力検査・文字列無害化
レイヤ 5	セッションハイジャック (HTTP) 通信内容の漏洩	セキュアセッション管理 暗号化
レイヤ 4	中間者攻撃 分散型 DoS 攻撃 大量接続要求攻撃 経路ハイジャック	識別・認証 ファイヤウォール アクセス監視・制御
レイヤ 3	経路ハイジャック IP アドレスなりすまし 内部システムへの不正侵入	Internet Routing Registry の利用 認証、フィルタリング プライベートネットワーク化
レイヤ 2	MAC アドレスなりすまし MAC アドレステーブル飽和攻撃	認証、監視、暗号化 アドレスリスト管理
レイヤ 1	不正侵入、物理的破壊 サイドチャネル攻撃 通信路タッピング	監視、物理的保護 サイドチャネル攻撃対策 暗号化

在の QKD プラットフォームでは、レイヤ 1 からレイヤ 3 までのセキュリティ強化技術が搭載されている。

4.2　レイヤ 1 のセキュリティ強化

　光通信技術の進歩は、光通信システムに新たなセキュリティ脅威をもたらすことにもなっている。光ファイバータッピング装置や挿入損失の極めて低い光スイッチ、光ファイバー網の診断技術は、そのまま光盗聴器として転用できるものである。2.1 節で述べた欧米諜報機関による光ファイバー網の盗聴事例では、まさにこのような技術が使われている。このような光通信システムの物理層でのセキュリティ脅威を以下にまとめる（詳し

くは 5.2.2 項を参照）。

光ブロードバンドの加入者系での光ファイバータッピング

加入者系敷地内では、電柱から各加入者の建屋へ光ファイバーが空中架線で引き込まれており、光ケーブルへのアクセスは容易にできる。小型のタッピング装置は 10 万円程度で購入可能である。

光ファイバー間クロストーク

光ケーブルをある程度曲げるだけで、ケーブル内の隣り合う光ファイバー間で光信号が漏れてしまうため、わざわざ特殊な装置でタッピングしなくても、最新の光子検出器を用いると光ケーブル内での漏れ光から情報を盗み取ることができる。

線路増幅器と再生中継器での脅威

線路増幅器や再生中継器では光ケーブルからファイバー心線がいったんばらされ 1 心ごとに接続されるため、むき出しになったファイバー心線の部分からタッピングされたり偽信号・妨害光を挿入される危険性がある。

光クロスコネクトでの脅威

ファイバー心線がばらされているのでタッピングが可能であるほか、光スイッチを組み込まれ長期間にわたって傍受されたり、プログラムを組み込まれ経路制御を攪乱される危険性がある。

ネットワーク制御系の攪乱やハイジャックの脅威

IP ネットワークの普及とともに、ネットワーク制御がオープン化し、悪意のある第三者による攪乱やハイジャック脅威が増加している。このような攪乱や脅威は、インフラ全体に影響を及ぼす深刻なものである。

光通信システムにおける診断・監視技術としては、すでに次のような技術が使われている。

- **データフレームにおけるエラー検出**
  - 光変調器を介して光信号をサンプリングし、信号品質やビット誤り率をモニタ

  • Ethernet におけるエラー検出と訂正演算

● **光強度モニタ**

  タッピング時の光強度の低下をモニタ

● **光ファイバー障害位置検出器による伝送路監視**

  光パルスの反射強度・時刻で融着点、破断点、損失などを検出

QKD 技術を用いれば、上記のような技術では検知できないようなタッピング行為や、将来現れる高度な技術を用いた盗聴行為でも検知することが可能となる。つまり、QKD は究極的なレイヤ 1 の監視技術である。

 図 4.3 に、QKD プラットフォームにおける鍵管理サーバ上での盗聴検知のイメージ図を示す。もし、どこかの QKD リンクの通信で盗聴があれば、図に示すように、ビット誤り率が急激に上昇する。このような各 QKD リンクの特性は、鍵管理エージェントを通じて QKD ネットワークコントローラ・マネージャ (QKDN-CM) へ送られ集中管理されており、QKDN-CM は盗聴のあった QKD リンクをいったん停止させ、迅速に別の迂回経路を探して、鍵配送経路を再設定しサービスが継続できるように調整を行う。

 QKD リンク自体は、盗聴の行為自体を排除することはできず、盗聴され続けると鍵を生成できなくなるため、サービス停止 (DoS) 攻撃に弱い。DoS 攻撃にはネットワークの経路上の冗長性で対応するしかなく、QKD

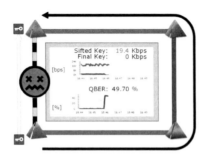

図 4.3　QKD プラットフォームにおける鍵管理サーバ上での盗聴検知のイメージ図

プラットフォームでも、ある程度のノード数と QKD リンク数を持った規
模で運用することで、DoS 攻撃耐性を向上させる。

4.3　レイヤ 2 のセキュリティ強化

　実際に暗号化すべきデータは、ユーザ端末から入力され、上のレイヤか
ら順に下へ降りてくる。その過程で図 4.1 と 4.2 に示したようなヘッダが
付いている。したがって、QKD プラットフォームからの暗号鍵をどのレ
イヤに供給するかによって、データパケットのどの部分を守るかが決ま
る。図 4.4 に QKD プラットフォームを活用したレイヤ 2、レイヤ 3 のセ
キュリティ強化の例をまとめる。

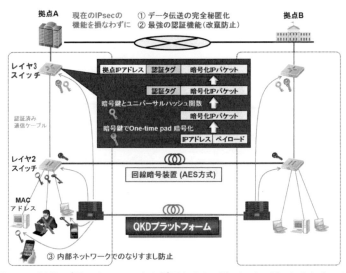

図 4.4　QKD プラットフォームを活用したレイヤ 2、レイヤ 3 のセキュリ
　　　　ティ強化

　レイヤ 2（データリンクレイヤ）は、内部ネットワークやローカルエリ
アネットワーク (LAN) 内において通信機器間の接続を行うレイヤであ

る。レイヤ 2 スイッチが各通信機器の MAC アドレスに基づいて通信機器間の接続を行う。インターネットから切り離された専用プライベートネットワークも、このレイヤ 2 のレベルで構成されることが多い。そういった用途では、現在、レイヤ 2 の専用回線を直接暗号化してしまう高速の回線暗号装置が開発されている。回線暗号装置をレイヤ 2 スイッチの直後に挟み込むだけで、高速のデータストリームをほぼリアルタイムで暗号化することができるようになっている。例えば、共通鍵暗号の AES を用いた NEC 社製の COMCIPHER やドイツの Secunet 社製の SINA などが代表例である。

　これらの装置への鍵更新を QKD プラットフォームから行うことで、高速暗号化用途でのセキュリティを強化することができる。AES のようなアルゴリズムに基づく数理暗号と QKD の暗号鍵を組み合わせた時点で、安全性は計算量的なものに下がってしまうが、鍵の更新を QKD プラットフォームで頻繁に行うことで、数理暗号自体の安全性を実効的に強化できる。

　QKD の暗号鍵が十分な量で蓄積されている場合には、ワンタイムパッドモードでレイヤ 2 スイッチのデータストリームの暗号化を行うことができ、この場合、最も高いフォワードシークラシーを持った通信を実現することができる。

　また、近年、内部ネットワーク内におけるなりすましや不正アクセスが問題となっている。レイヤ 2 上のレイヤ 2 スイッチと各クライアント間で共通鍵を共有し、機器間の認証や MAC アドレスの暗号化を行うことでこのような脅威を大幅に低減できる。QKD プラットフォームからの暗号鍵は、このための共通鍵として使うこともできる。この場合、遠隔地点間ではなく内部ネットワークや LAN 内におけるレイヤ 2 スイッチと通信機器間での鍵共有なので、本来は拠点内に物理乱数源を置き、何らかの方法で真性乱数を共有できれば十分である。QKD の各端末はこのような物理乱数源として使ってもよい。

　図 4.4 の左下に示したように、ここでは物理乱数を拠点内の鍵管理エージェントで一度コピーしておく方法を考える。もともとの物理乱数は、鍵管理エージェントからレイヤ 2 スイッチに供給する。コピーの方は、ユー

ザが鍵管理エージェントからスマートフォンで受け取って自分のクライア
ント端末に行き、認証後にその鍵を端末に渡す。この作業をレイヤ2ス
イッチに加入しているクライアント端末ごとに行う。クライアント端末内
ではコピー鍵でMACアドレスを暗号化し、レイヤ2スイッチに接続要求
を送る。レイヤ2スイッチでは、接続先の端末に照会し、MACアドレス
とIPアドレスの照合を行う。鍵管理エージェントから物理乱数の鍵を受
け取っていない不正ユーザは、レイヤ2スイッチからこの認証・照合の段
階ではじかれるため、不正アクセスやなりすましができなくなる。鍵管理
エージェント内で鍵のコピーを作ると、情報理論的安全性の保証が不可能
となるが、上記の一連の認証・暗号化・照合の作業をパケットごとにワン
タイムパッドで行うことで、極めて安全な不正アクセス防御策を実現する
ことができる。

4.4　レイヤ3のセキュリティ強化

　IPネットワークでは、現代暗号技術に基づくIPsecにしたがって認証
や通信データの暗号化が行われる。このIPネットワークは、OSI階層モ
デルではレイヤ3（ネットワークレイヤ）に相当し、IPルータによって経
路制御・データ転送処理が行われる。IPルータの機能を専用ハードウェ
アで高速処理できるようにしたものは、レイヤ3スイッチと呼ばれる。
QKDプラットフォームから直接レイヤ3スイッチに暗号鍵を供給する
ことで、IPsecの機能をそのまま活かしつつ、さらにセキュリティを強化
することができる。そのために、QKDプラットフォームにはIPsecのサ
ポートに必要なアプリケーションインターフェース（API）が搭載されて
いる。一方、レイヤ3スイッチには、このAPIに準拠した鍵受給クライ
アントインターフェースを搭載しておくとともに、QKDによって配送さ
れた暗号鍵を使ったメッセージ認証を行えるように、Wegman–Carter認
証など情報理論的安全性を持ったユニバーサルハッシュ関数のセットをあ
らかじめ組み込んでおく。
　今、図4.4に示すように、拠点Aの内部ネットワークのユーザから拠

点 B にいるユーザへ安全な通信を行いたいとする。そのために、QKD プラットフォームから 2 種類の暗号鍵をレイヤ 3 スイッチに供給する。また、レイヤ 3 スイッチには、あらかじめ Wegman–Carter 認証など情報理論的に安全な認証を行うためのユニバーサルハッシュ関数のセットを組み込んでおく。拠点 A のユーザの端末からレイヤ 3 スイッチまで届いたパケットは、図 4.1 に示したように、ユーザの通信データ（いわゆるペイロード）のほかにレイヤ 7 からレイヤ 3 までの処理を経たヘッダが付いている。そこで、まず、レイヤ 3 で付与された IP アドレスまで含めたパケット全体を、一つ目の暗号鍵でワンタイムパッド暗号化を行い秘匿化する。次に、この暗号化 IP パケットに対して、もう一つの暗号鍵とユニバーサルハッシュ関数を組み合わせて、情報理論的に安全な認証プロトコルを実行し、メッセージダイジェストを抽出して認証タグとしてパケットに付与する。最後に、これに宛先の拠点 IP アドレスが付与され、レイヤ 2、レイヤ 1 における処理を経てから拠点 B へ送信される。

　拠点 B では、レイヤ 1 での受信パケットがレイヤ 2 の処理を経てレイヤ 3 まで上がり、レイヤ 3 スイッチに供給されていた 2 種類の暗号鍵を使って、メッセージ認証とワンタイムパッドの復号処理が行われる。その後は、図 4.2 に示したような通常の処理がユーザ端末で行われ、データが受信される。

　このようにして、IPsec に基づく従来システムとの互換性を確保しつつ、データ伝送の完全秘匿化と極めて強固な改竄防止機能を同時に実現することができる。したがって、標準的なインターネット環境を有しているユーザなら、QKD プラットフォームを導入し、レイヤ 3 スイッチに鍵受給クライアント・インターフェースをインストールすることで、これまでの利用環境を維持しながら、セキュリティを強化することができる。また、通信事業者にとってセキュリティのトッププライオリティにある、ルーティングインフラストラクチャのセキュリティを確保することができる。通信事業者ネットワークへの適用については、次章で詳しく触れる。

4.5　移動通信システムのセキュリティ強化

4.5.1　スマートフォン

　暗号鍵はスマートフォンやドローンなどの移動通信端末にも供給することができ、様々な移動通信システムのセキュリティ機能を実現することができる。ネットワーク階層上では、ちょうど QKD プラットフォームからレイヤ 2 に暗号鍵を供給する場合と同様の構造を取る。QKD プラットフォームから提供される暗号鍵をワンタイムパッドで利用し通話を秘匿化するためのスマートフォンのアプリケーションが、すでに開発されている [49]。

　現在のスマートフォン端末と基地局との間の無線区間には暗号化による盗聴防止対策が施されているが、基地局でいったん復号されるため、その先の事業者の基地局間の有線区間や事業者間を接続するネットワークにおいて盗聴される可能性がある。そこで、図 4.5 に示すようにワンタイムパッド秘匿スマートフォンを用いることによって、全区間で暗号化を行うことができ、確実に盗聴を防止することが可能になる。またフォワードシークラシーを保証できるため、通話を記録されていた場合でも過去の会話を解読される心配がなくなる。現在のスマートフォン内臓の SD カー

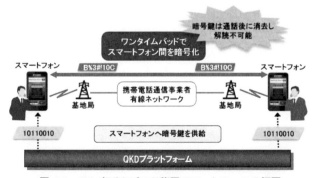

図 4.5　ワンタイムパッド秘匿スマートフォンの概要

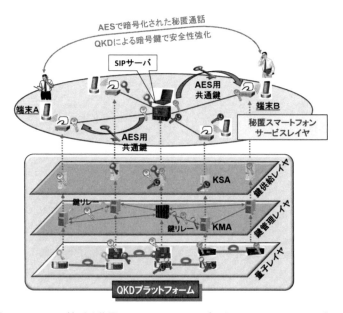

図 4.6　AES に基づく秘匿スマートフォンアプリケーションと QKD プラットフォームとの統合の例

ドでは、バッテリ充電サイクルより十分長い時間の連続秘匿通話に必要な暗号鍵を蓄えることが可能である。暗号鍵は、通話終了後に消去することで、端末紛失・盗難時のリスクを回避を行うようになっている。

　データリンクレイヤ用の回線暗号装置と同様に、スマートフォンに対してもAESを用いた秘匿通話技術がすでに開発されており、QKDプラットフォームからの暗号鍵でAESへ鍵更新することで、セキュリティを向上させることができる。図 4.6 に、複数の端末をサポートするためのネットワーク構成例を示す。複数の端末を効率良くサポートするため、アプリケーションレイヤでは SIP(Session Initiation Protocol) サーバを中心にスター型のネットワークを構成している [52, 53, 57]。

　このようなマルチユーザ対応型秘匿スマートフォンネットワークの特徴は以下のようにまとめられる。

　• SIP サーバからスマートフォンへ配送する AES 用共通鍵の安全性

強化

- 公開鍵暗号より高速に暗号化が可能
- 暗号鍵での頻繁な端末認証により機器の安全性を担保可能
- スマートフォン端末同士での直接的な鍵共有が不要
- 上記のことより携帯紛失時、暗号鍵の管理を容易化可能

　もう一つの応用例として、図4.7に重要データを情報理論的に安全に保存し、閲覧するシステムを示す [15]。まず、データサーバとデータ復号端末の間をQKD回線で結び、複数の暗号鍵をあらかじめ共有しておく。ここでは4種類の暗号鍵を共有する例を考える。3種類はデータのアクセス権限を管理するためのユーザ識別用暗号鍵として、もう一種類は伝送用暗号鍵として用いる。まず3人のユーザが持っているそれぞれのスマートフォンへユーザ識別用暗号鍵を供給する。その際には、ユニバーサルハッシュ関数による情報理論的に安全なユーザ認証を行って、安全に暗号鍵を渡す。一方、データサーバ側では、3種類のファイルからなるデータ群があり、それぞれのファイルをこれらの鍵で暗号化しておく。次に、伝送用暗号鍵を用いて、このデータ群をさらに2重に暗号化して伝送を行う。最後に、データ復号端末では、ユーザがスマートフォンの鍵で認証を受け、それぞれのアクセス権限に応じてデータを閲覧する。例えば、1番目の

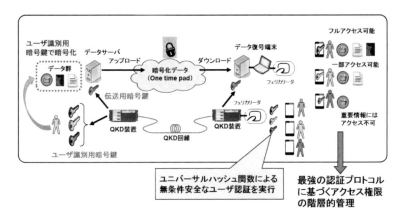

図 4.7　スマートフォンへの鍵供給と安全な保存・閲覧システムの実現

ユーザはフルアクセスが可能、2 番目のユーザは一部アクセスが可能、3
番目のユーザは重要情報にはアクセス不可能といったように階層的なアク
セス権限の管理を行うことによって、重要データの情報理論的に安全な保
存・閲覧システムを実現できる。これは電子カルテシステムをはじめとす
る、生命に関わる重要情報の長期間にわたる保護などに有効であろう。

　スマートフォンのプラットフォーム自体のセキュリティは、有線通信プ
ラットフォームほど整備されているわけではない。また、ソフトウェアの
アップグレードを自動化する必要があるが、スマートフォンについては、
配送上の困難が伴うことから、現状では有効な方法がない。上記のような
QKD プラットフォームとの連携により、無線通信プラットフォームのセ
キュリティ強化も可能になると期待される。

4.5.2　ドローン

　近年、ドローンの商用利用が急速に進んでいる。ドローンの制御やデー
タ伝送に使われる無線通信は、傍受や干渉、妨害の影響を受けやすい一方
で、暗号化などの安全性対策はあまり進んでいない。また、ドローンに搭
載される無線通信では、カバーできるエリアに限界があり、通常は視野圏
内に限られることが多く、広域でドローンを安全に飛行させる上での障害
となっている。ドローンと地上局間の制御通信の安全性とデータ通信の秘
匿性を抜本的に高めつつ、かつ広域にわたって安全に飛行させる技術が開
発できれば、ドローンの利活用に大いに資する。

　ドローンと地上局間の通信では、通常、地上局そのものからドローンを
飛ばすので、飛ばす前に操縦者自身が真性乱数の対を用意し、対の一方を
ドローンへ手渡しで供給すればよい。これを暗号鍵としてワンタイムパッ
ド暗号化を用いることとし、供給する暗号鍵をあらかじめ十分用意してお
けば、情報理論的安全性を持った通信を行うことができる。ドローンの飛
行時間がそれほど長くない場合には、市販のメモリによって必要な暗号鍵
を十分格納できる。ワンタイムパッド暗号化では、計算処理遅延もほとん
ど生じない。

　一方、ドローンをその無線通信制御区域の圏内を超えて広域へ安全に飛
行させたい場合には、暗号鍵を他の制御通信区域へ配送しておかなければ

ならない。この方法には、従来のトラスティッド・クーリエのほか QKD プラットフォームを利用する方法がある。QKD プラットフォームのノード上にドローンの地上制御局を設け、飛行前に必要な暗号鍵をドローンに供給しておき、対となる暗号鍵を QKD プラットフォームのノードにあらかじめ配送しておく。これにより、ドローンとの通信を情報理論的な安全なものにし、かつ複数の無線通信制御区域上で安全な飛行制御を実現することができる [11, 40]

図 4.8 に QKD プラットフォーム上での安全なドローン通信システムの概念図を示す。ドローンは左端のノードから離陸する前に、飛行経路や制御区域の総数に応じて複数の暗号鍵（図中では $K_1 \sim K_8$）を QKD プラットフォームから受給しておく。QKD プラットフォーム上では、飛行制御の仕方に応じて関連するノード間で適切に暗号鍵のリレーを行い、各地上局に適切な暗号鍵を配送しておく。一方、ドローンは順次、各地上局と暗号通信しながら飛行経路を選択し、各制御区域へ飛行を行う。その

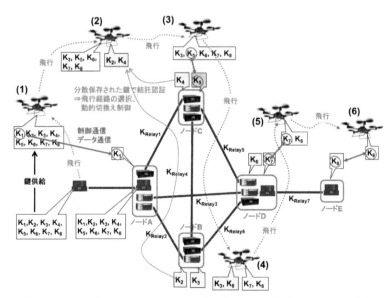

図 4.8　QKD プラットフォーム上での安全なドローン通信システムの概念図

際、あらかじめ保管しておいた暗号鍵の中から、通信しようとする地上局に対応する暗号鍵を取り出して暗号通信を行い、暗号鍵を使い捨ててゆく。地上局は、ドローンの飛行に応じて制御区域間で次々と制御通信を引き継いでゆく。例えば、複数のノードに分散保存した暗号鍵を用いて結託認証を行うことにより、安全な認証や飛行経路の動的選択を行うことができる。さらに、ドローンの撮像データの安全な伝送も自在に実現できる。

　このような応用例は、将来的には車やロボットなど様々な移動体端末にも適用することができるので、今後、大きな意味を持つようになると期待される。

第5章

QKDの
情報通信インフラへの
応用

5.1　情報通信インフラのセキュリティについて

　前章まででは、すでに多くのユーザが使っているセキュリティシステムや情報通信機器のセキュリティ強化に関する応用例について説明した。これらは、主に情報通信ネットワークのエンドユーザを対象としたものである。一方、情報通信ネットワークには、インフラとサービスを提供する通信事業者がいて、ネットワークの制御や管理・運用を行っている。このような通信事業者が管轄する領域では、セキュリティ確保はより一層重要であり、QKD 技術の導入が有効と考えられる。特に、ネットワーク制御は、これまでの事業者ごとの専用オペレータによる閉じた制御から、事業者同士が共通プロトコルに基づいて連携するオープンな制御に移行しており、それに伴うセキュリティ上の脆弱性も生じている。したがって、制御信号の暗号化や接続の際の認証などに QKD 技術を有効活用できると期待される。

　エネルギーや金融、物流など主要な産業や社会活動を支える重要インフラシステムも、情報通信ネットワークへの依存性をますます高めており、サイバーセキュリティは喫緊の課題である。近年、サイバーセキュリティで重要になっている多層防御セキュリティ技術においても、QKD 技術の適用は重要な意味を持つ。QKD 技術を適用することで情報通信インフラのプラットフォーム自体が安全なものになれば、ある種のコンピュータウイルスすら排除できる可能性がある。少なくとも、ネットワークの下層部分のセキュリティや監視機能を高め、上位レイヤでのセキュリティ対策と緊密に連携できれば、インフラ自体のセキュリティの質的向上によって、ソフトウェアによる対策との相乗効果をさらに高めることができ、最終的には、様々なサイバー攻撃への対策もより強固なものとなる。また、現在使用されている PKI では、公開鍵証明書を発行する認証局が破られるとすべてが機能しなくなるが、QKD 技術の場合は QKD プラットフォームが健全であればそのような心配がない。

　情報通信インフラ自体のセキュリティ強化に向けた QKD 技術の適用には、QKD プラットフォームのスケーラブルな広域化や、波長分割多重通

信路への QKD リンクの収納など、まだ技術的に解決すべき課題が残っている。しかし、基本構想や設計指針についてはすでに検討が始まっており、その一つの例がセキュアフォトニックネットワークである。これは、エンドユーザよりも、通信事業者の視点に立ったものであり、QKD プラットフォームについてもプロバイダ側として運用し、暗号鍵をエンドユーザへ提供する立場になる。

そこで、本章では、QKD プラットフォームの情報通信インフラへの適用について検討する。特に、その一つの例として、セキュアフォトニックネットワークの基本構想について説明し、今後の課題を整理するとともに、次世代の多層防御セキュリティ技術の開発に向けた検討課題と展望についてまとめる。

5.2 フォトニックネットワークとセキュリティ脅威

5.2.1 フォトニックネットワーク

現在のインターネットや次世代のネットワーク（Next Generation Network: NGN、付録 A.4 を参照）の基幹回線では、様々なユーザからの信号がレーザー光の異なる波長に割り当てられ変調されてから、一本の光ファイバーの中に多重化され伝送されている。この波長分割多重技術によって、光の超広帯域性を活かした光ブロードバンドサービスが可能になっている。ネットワークのノード内では、従来の電子交換機に代わり IP ルータによる自動制御によって、エンド・エンドでの経路が設定され通信が行われる。

ノード内では、光信号をいったん電気信号に変換してから電子回路上でルーティングに必要な信号処理を行い、再び光信号に変換して光ファイバーへ送り出す。しかし、処理量の増大に伴って、この光–電気–光変換に伴う処理遅延や消費電力の増加が問題となってきている。もし、データを光スイッチによって、電気信号に変換することなく光信号のまま、パケット交換や経路切り替え、波長割り当てが行えるようになれば、低消費電力

で高速のルーティングが可能になる。また、光ファイバーが提供する透明な光の通信路を最大限活用し、通信の起点から終点までどのノードを通過する際も、すべて光領域で処理を行うことが可能になる。このようなレーザー光が持つ大容量性と光ファイバーや光スイッチの透明性を最大限に使い切る新しい光通信インフラはフォトニックネットワークと呼ばれ、高速大容量・低消費電力なネットワークを実現可能とする基盤技術として実用化されつつある。

　フォトニックネットワークは、図 5.1 に示すように 3 つの基本構造からなっている。光パスネットワークは、波長分割多重化された光信号が流れる物理レイヤである。IP ネットワークは、ユーザドメインと直接繋がっており、IP ルータが光パケットをどのノードからどのノードまで届けるか、通信経路（パス）の設定を行う。制御プレーンはユーザからのパス要求に応じて、パスや波長選択などの制御情報をもとに IP ネットワークと光パスネットワークを統合的に制御する。

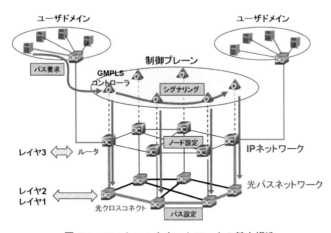

図 5.1　フォトニックネットワークの基本構造

　これまで光通信ネットワークでは、通信事業者ごとに集中管理の制御装置を用いて一括してパス設定することが多かったが、IP ルータによる制御範囲が光伝送の物理レイヤまで広がってくるにつれて、異なる事業者間

の装置同士が自律的に起点から終点までのパスを張るための仕組みが求められるようになった。その結果生まれたのが、光パスをIPルータと連動して自律的に開通させる仕組みGMPLS (Generalized Multi-Protocol Label Switching) で、パケットのIPヘッダで経路制御する代わりに、ラベルと呼ばれる短い固定長の識別標識を利用し (MPLS)、さらに光信号の波長をもとに高速で経路制御を行う。光パスネットワークとIPネットワークは、各ノードで光クロスコネクトと呼ばれる装置によって密接に繋がっている。光クロスコネクトは、制御プレーンにあるGMPLSコントローラによって制御され、ユーザ波長ごとに光スイッチによって信号を分割して取り出し、経路切り替えの処理を行い、再び適切な光ファイバーへと挿入する。制御プレーンは、通信用帯域の外にある帯域を利用したり、専用回線を利用して構成される。

図5.1に示したフォトニックネットワークの構造は、OSI参照モデルとの直接的な対応はないが、光パスネットワークはOSI参照モデルにおけるレイヤ1とレイヤ2に、IPネットワークはレイヤ3において主に実装されることが多い。制御プレーンは、NGNの基本参照モデルにおける概念に由来する（付録A.4を参照）。したがって、図5.1に示した構造は、どちらかと言えばNGNのトランスポートストラタムの概念を、具体的な回線や装置、機能とともに記述したものに近いものとなっている。

5.2.2　フォトニックネットワーク上でのセキュリティ脅威

2.1節で述べた欧米諜報機関による光ファイバー網の盗聴事例では、海底ケーブル上陸地点の局舎内に、3次元微小機械光学システムを組み込んだ光盗聴器が仕掛けられ、損失0.5dB以下での高性能タッピングが可能で、プラグ・アンド・プレイで設置でき10Gbps回線からのリアルタイムキャプチャが可能であったとされる。そこから、専用のデータ解析センターに情報を送り、高性能のコンピュータを用いて長期間データの解析が行われていたとされる。

このように、セキュリティ脅威は、最新の情報通信技術 (ICT) を用いた暗号解読や通信路の傍受、スイッチへの撹乱や乗っ取りなど、今や物理層やデータ層、ネットワーク層など情報通信インフラの下層部分でも深刻

化している。これまで安全な専用網として考えられていた領域ですら、その安全性神話は揺らぎ始めているのである。図 5.2 に光ファイバー伝送システムの大まかな構成とセキュリティ脅威をまとめる。

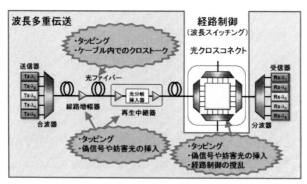

図 5.2　光ファイバー伝送システム構成とセキュリティ脅威

　送信器からの様々な波長の信号は、合波器によって多重化されて一本の光ファイバーに送り込まれ、線路増幅器や再生中継器を介して長距離伝送される。ネットワークのノードでは、光クロスコネクトの中で波長スイッチングに基づく経路制御が行われる。線路増幅器や再生中継器では、タッピングや偽信号・妨害光が挿入される危険性がある。光クロスコネクトでは、これにさらに経路制御の撹乱の危険性が加わる。光ファイバーでは、タッピングの危険性のほかにケーブル内の光ファイバー間クロストークによる情報漏洩の危険性もある。4.2 節でも述べたが、これらの脅威について、ここではさらに詳しく、順を追って説明する。

　まず光ファイバーへのタッピングについてであるが、現在では容易に行える条件が整っており、かなり現実的な脅威として認識すべきである。実際、光ブロードバンドの加入者系敷地内では、電柱から各加入者の建屋へ光ファイバーが空中架線で引き込まれており、光ケーブルへのアクセスはやろうと思えば容易にできる。さらに、小型のタッピング装置が eBay 等で 10 万円程度で一般販売されており、このような装置を用いることで容易に光ファイバーのタッピングができる。小型光ファイバータッピング装

置は、そもそもは光ファイバー診断に使用するもので、光ファイバー屈曲部から漏洩光を検出したり、光ファイバーを加熱融着し、スターカプラを形成して、そこから光信号を取り出す。

　実は、わざわざ特殊な装置でタッピングしなくても、最新の光子検出器を用いると光ファイバー内を行きかう信号の様子が見えてしまうことも分かってきた。光ケーブルをある程度曲げるだけで、ケーブル内の隣り合う光ファイバーの間で光信号が漏れてしまう、いわゆる光ファイバー間クロストークという現象である。実際の敷設環境下でクロストークが起こりやすいのは、直径数十 cm サイズのハンドホール内で光ファイバーが曲げられている個所である。図 5.3 に典型的な光ケーブルの断面構造と、敷設環境下でクロストークが起こりやすいハンドホール内でのファイバーの曲げ状況を示す。光ファイバー 4 心がテーピングされ、このテープ心線が同心円状にパッケージされている。クロストークは主に同一のテープ心線間で起こり、2 本となりのファイバーまで漏れることが確認されている [18]。漏れの光量は 300 光子/秒程度で、通常の光検出器では見えないわずかな漏れであるが、QKD で使われる高性能の光子検出器を用いれば、漏れ光を正確に検知することができる。

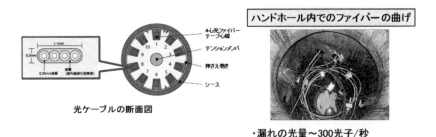

図 5.3　典型的な光ケーブルの断面構造と敷設環境下でクロストークが起こり
　　　やすいハンドホール内でのファイバーの曲げ状況

　図 5.4 は 2 本の光ファイバー間でのクロストークによる信号漏れの様子を分かりやすい形でデモ実験した様子である。一本の光ファイバーには矩

形波の変調信号を伝送し、もう一本の光ファイバーには一切光を入れずに高性能の光子検出器に繋げている。a、b に 2 つの光ファイバーからの信号の様子を示す。上段の線が矩形波の変調信号、下段の線が光子検出器の出力である。c のように光ファイバー（中央の 2 本の線）が曲がっていなければ、a の下段の線のように光子検出器の出力には何も信号が現れないが、d のように光ファイバーを 2 本同時に曲げると、本来光が入っていない方のファイバーにも信号が漏れて、b のように下段の線にも矩形波の変調信号が現れてくる。

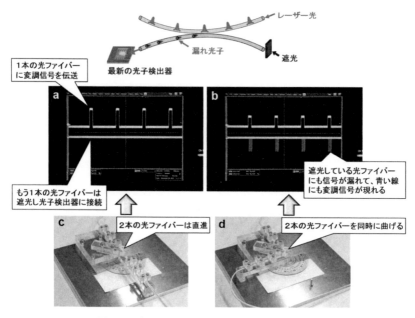

図 5.4　光ファイバー間クロストークのデモ実験

　次に、線路増幅器についてであるが、このような装置には光ケーブルからファイバー心線がいったんばらされ 1 心ごとに接続されることが多く、むき出しになったファイバー心線の部分からタッピングされたり偽信号・妨害光を挿入される危険性がある（図 5.5）。左上に示すような、ファイ

バー心線がばらされている部分からタッピングされる危険性がある。図の
右側には、エルビウムドープファイバー増幅器 (EDFA) の概要を示す。
励起用レーザー光源を入ってきた光信号と合波しエルビウムドープファイ
バーに入射して、通信波長帯の強い光を放出させながら光信号に伝達し光
増幅を行う。励起光ポートから妨害信号が挿入される危険性がある。左下
は海底ケーブル用 EDFA の一例である。原子力潜水艦の中には、このよ
うな海底ケーブルの盗聴工作を一つのミッションに持つものもあるとさ
れる。

光ケーブルからばらされたファイバー心線

海底ケーブル用EDFA

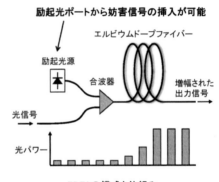

図 5.5　線路増幅器におけるセキュリティ脅威

　再生中継器は線路増幅器や光分岐挿入装置 (OADM) などが内蔵され、
波長分割多重による基幹回線リングを構築する際などに用いられる。光ク
ロスコネクト (OXC) は、光信号の波長に応じたスイッチングによる経路
制御によって波長分割多重回線のメッシュ型ネットワークを構築するため
に用いられる。再生中継器や光クロスコネクト (OXC) （図 5.6）でも、
ファイバー心線がばらされているのでタッピングが可能であるほか、光ス
イッチを組み込まれ長期間にわたって傍受されたり、プログラムを組み込
まれ経路制御を撹乱される危険性もある。

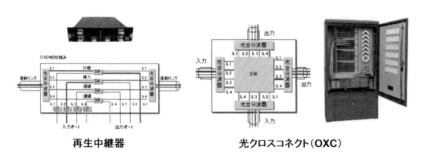

再生中継器　　　　　　　　光クロスコネクト（**OXC**）

図 5.6　再生中継器と光クロスコネクトの概要

　最後に、ネットワーク制御のオープン化、クラウド化に伴って現れてきた脅威について再度簡単に触れる。5.2.1 項で述べたようなノード処理の IP 化、光化によって、フォトニックネットワークの制御は、これまで通信業者の専用オペレータが行っていた「閉じた」ネットワーク制御から、ユーザ自身の要求が直接、制御プレーンに流れるような「オープンな」ネットワーク制御に変わりつつある（図5.7）。それに伴って、悪意のある第三者がアクセスできる部分が増えて、サービス撹乱やハイジャック脅威も増加している。このようなサービス撹乱やハイジャック脅威は、インフラ全体に影響を及ぼすものであり、その発見、対処、復旧までのタイムラグが長いため事前の防御策が極めて重要になってくる。

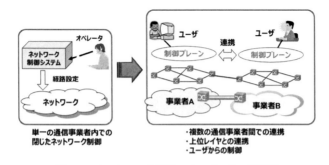

図 5.7　ネットワーク制御のオープン化の概念図

5.3 セキュアフォトニックネットワーク

5.3.1 セキュアフォトニックネットワークとは

フォトニックネットワークでは、レイヤ3とレイヤ4に実装される IPsec や TLS(Transport Layer Security) によって、ユーザドメインから IP ネットワークまでのインフラの上位レイヤ部分は当面守られるが、これらは計算量的安全性の現代暗号技術に基づいているため、計算技術や数学上の進歩とともにセキュリティ危殆化の脅威から逃れられない。これに合わせて仕様や方式を更新をする必要があるが、暗号システムの更新作業には膨大な手間と費用と時間がかかるため、移行作業は容易ではない。

また、光パスネットワークと制御プレーンでは、5.2.2 項で述べたように新たな脅威が現れている一方で防止策が欠如している。このインフラ下層部への撹乱や脅威は、インフラ全体に影響を及ぼすものであり、一度起こればその被害は甚大である。特に、フォトニックネットワークでは、電気処理の比重が減り透明化の方向に進化を続けており、上位レイヤでの現代暗号技術による防御のみならず、物理レイヤで光の性質を直接使う暗号化も実装して防御するのが自然な方向である。その代表例が QKD であり、QKD リンクの量子通信路は、電気処理のような古典領域を介さない透明な光回線が最低限の条件となる。また、光符号分割多重（光 CDMA）や量子ストリーム暗号（Y00 方式など）も光の性質を直接使う秘匿通信方式であり、これら技術の安全性は計算量的なものであるが、光パスネットワーク上で長距離かつ高速伝送が可能である。ここではこれらをまとめてフォトニック秘匿通信技術と呼ぶことにする。

フォトニックネットワークに新たに QKD プラットフォームやフォトニック秘匿通信技術を導入し、物理レイヤから上位レイヤ、さらには制御プレーンまで含めたネットワーク全体のセキュリティを総合的に強化したシステムがセキュアフォトニックネットワークである [30]。セキュアフォトニックネットワークという概念は、2008 ～ 2009 年に総務省の諮問を受けて超高速フォトニックネットワーク開発推進協議会のもとに設置されたセキュアフォトニックネットワーク分科会が、フォトニックネット

ワークに対するセキュリティ脅威の分析と、QKD 技術やフォトニック秘匿通信技術の導入による安全性強化策の検討を行う中でまとめられたものである。

　セキュアフォトニックネットワークでは、フォトニック秘匿通信技術を光パスネットワークに導入して、大容量伝送を直接光のレベルで秘匿化することで、従来の現代暗号のみでは難しかった光の広帯域性の利活用や、電気処理の比重の低減が可能になる。また、QKD 技術を新たに導入し、ルータや制御機器、既存のセキュリティシステム、およびフォトニック秘匿通信システムに暗号鍵を供給することで、制御プレーンの安全性を堅牢化するとともに、様々なセキュリティアプリケーションや伝送システムの安全性を強化することができる。

5.3.2　スケーラブルな QKD プラットフォーム

　QKD 技術を実際にフォトニックネットワーク上に導入するためには、広域をカバーできる QKD プラットフォームが必要になる。スケーラビリティを保ったまま QKD プラットフォームを広域化するための代表的なネットワークトポロジーを、図 5.8 に示す。これは、都市圏のクラスター型の QKD プラットフォームと少数の強力なハブノード、およびハブ間を繋ぐ基幹 QKD リンク からなる。

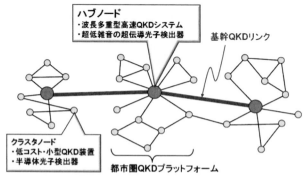

図 5.8　スケーラビリティを持った QKD プラットフォームの代表的なネットワークトポロジー

　ハブノードには、例えば、超低雑音の超伝導光子検出器を組み込んだ波長分割多重型高速 QKD システムを導入し、都市間の高速 QKD リンクを実現する。QKD は盗聴され続けると暗号鍵を生成できないため、QKD リンク単体では DoS 攻撃に原理的な脆弱性を持っている。基幹QKD リンクでは、複数の地理的に異なる経路を用意して DoS 攻撃への迂回経路を確保しておく必要がある。一方、都市圏 QKD プラットフォームを構成するクラスターノードには、低コストで小型の QKD 装置を導入して多地点の鍵配送ネットワークを構成する。

　このようなネットワークトポロジーによって、どのノード間でも、最小のホップ数で暗号鍵をリレー配送できる。また、長距離化・高速化に必要なコストを少数のハブノードで吸収することによって、ネットワーク全体の総コストを最小化することができる。ハブノードには鍵管理サーバも設置され、クラスター内での鍵管理を中央集中的に行う。効率的な鍵管理やセキュリティ脅威への確実な対応の観点から、クラスターはハブノードを中心としたスター型に近いトポロジーで構成し、分散処理型より中央集中管理型で運用するのが適していると考えられる。特に、将来的には QKD 装置に光スイッチに基づく光ルータも実装することで、受信光子を光子検出器に導波して検出するか、あるいは検出せずにそのまま次の QKD 装置へルーティングするかを選択できるようになり、より柔軟な接続性を実現できる。そのためには極めて低損失の光スイッチを開発する必要がある。

5.3.3　セキュアフォトニックネットワークの構造

　5.3.2 項で述べた広域 QKD プラットフォームを導入することで、既存のセキュリティシステムの機能はそのまま維持しつつ、通信路の監視機能、および将来技術でも破られないフォワードシークラシーを有する鍵交換機能を、フォトニックネットワーク上で利用できるようになる。したがって、光パスネットワークと制御プレーンに、従来技術によるものとは質的に異なった頑健なセキュリティを確保することができる。その概要を図 5.9 に示す。

　セキュアフォトニックネットワークでは、QKD プラットフォームからの暗号鍵によって制御プレーンのコントローラの認証や制御信号のワンタ

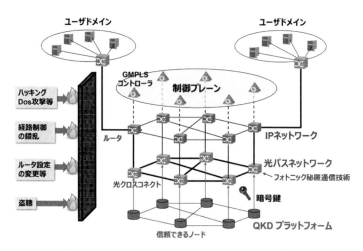

図 5.9　セキュアフォトニックネットワークの概念図

イムパッド暗号化を行い、最も安全性の高い秘匿化を施して、サービス撹乱や乗っ取りなどの脅威を防ぐ。また、QKD プラットフォームと制御プレーンが連携しながら、物理レイヤから上位レイヤまで含めたネットワーク監視を行うとともに、各レイヤに実装されている様々な暗号化エンジンを駆動する。これらの暗号化エンジンとは、例えば、5.3.1 項で述べた光パスネットワーク上のフォトニック秘匿通信技術や、4.4 節で述べた IP ネットワーク上の OTP 暗号化やメッセージ認証などを駆動するものである。

　QKD プラットフォームのフォトニックネットワークへの導入に際しては、相反する 2 面性のトレードオフに直面する。つまり、フォトニックネットワークは通信品質・信頼性保証への制御性と管理にこだわりつつも、基本的にはオープン化の方向へ進んでいるの対して、QKD プラットフォームの導入は、暗号鍵を共有したユーザ間で閉じた空間を作ることを意味する。また、制御プレーンや光パスネットワークの装置に暗号鍵を供給する際にも、接続しているケーブルの認証や機器認証が必要になる。したがって、どうしてもオープン性や利便性について妥協しなければならない面が出てくる。つまり、利便性向上に向けたオープン化と安全性確保に

向けた閉じた空間との適切なバランスの設計こそが、セキュアフォトニックネットワークのアーキテクチャの肝であると言ってもよい。

　幸い、QKD プラットフォーム上では、処理遅延のない単純な論理和による鍵カプセルリレーで鍵交換を行うことができるため、適切な鍵フォーマットの設計と鍵 ID の管理によって、相互接続性や拡張性をほとんど損なわずに安全な閉じた空間を自在に構成できるようになっている。このようにして、送信者と受信者が QKD プラットフォームを使っていったんエンド・エンドで暗号鍵を共有してしまえば、その暗号鍵を使う通信自体の経路や媒体は自在に選ぶことができ、その通信にフォワードシークラシーという最も高い安全性を保証することができる。したがって、例えば、重要通信に携わるユーザが、一部の通信区間である通信事業者のネットワークを介して業務を遂行したい場合でも、通信事業者の中継局での情報漏洩を心配することなく、エンド・エンドでの安全な通信を成立させることができる。

5.3.4　セキュアフォトニックネットワークにおける QKD プラットフォームの実装上の課題

　現在の QKD 技術は距離や鍵レートに限界があり（50 〜 60 km で数 100 kbps）、ブロードバンドインターネットサービスに必要な速度のワンタイムパッド暗号化は常に可能なわけではない。数百 kbps の鍵レートでは、MPEG-4 の動画のワンタイムパッド伝送が限界である。高速の暗号化が必要な場合は、あらかじめ重要なセッション用に QKD の暗号鍵を蓄積しておき、限られた時間だけワンタイムパッド暗号化を行うか、AES(Advanced Encryption Standard) など IPsec 搭載の高速の暗号化方式の鍵更新に QKD からの鍵を使い、セキュリティを強化するといった使い方が有効である。

　QKD プラットフォームをフォトニックネットワークの実際的な環境で実装する際にも、解決すべき課題がある。QKD リンクでは量子通信路が必要であり、インフラを持っていないユーザが導入を考える場合、光ファイバーのレンタル料がコスト的に大きな障害になる。できるだけ通信事業者と契約した光回線を共有して使うのがよいが、そのような回線には波長

分割多重された明るい光データ信号が流れており、そのままでは光子レベルの微弱信号扱う QKD リンクは両立できない。このような問題を解決するために、データ通信帯域の外に量子チャネルを配置し、適切な波長フィルターで QKD 用の光子信号を分離して高い SN 比で検出する技術、あるいは、同様のことを時間分割多重で行う技術などが開発されつつある。

　最近、同じ光ファイバー上で通常の光通信との共存が可能な連続量 QKD(CVQKD) という方式の研究開発も進展している。CVQKD 方式では、光の位相と振幅に乱数情報を載せて伝送し、ホモダイン検出器という光通信で使われる機器により受信する。ホモダイン検出器では、局発光と信号光を干渉させることにより、局発光に整合したモードのみを選択的に検出できる。この強いフィルター機能を活かし、100 波長多重化された 18.3Tbit/s のコヒーレント光通信と CVQKD を同一の光ファイバーで伝送する実証実験が行われている [14]。このような技術により、少なくとも近距離では QKD リンクとフォトニックネットワークを低コストで統合することも可能になるものと期待できる。

5.4　ストレージネットワークへの展開

　クラウド技術や AI、IoT、医療技術の進展により、機密性の高い個人情報やビジネス価値の高い企業情報等が次々と生み出されている。例えばゲノム・医療情報は、一度漏洩すれば、複数の家系・世代にわたり永続的に生命や社会生活を脅かすリスクが高い。また、重要国家機密や企業の技術情報・経営情報の漏洩も、社会に大きな混乱や経済損失をもたらす。そのため、このような重要情報は、世紀単位の超長期間にわたって機密性と改竄耐性（完全性）を確保する必要がある。

　これまで機密性の高い情報は、各機関や組織内のクローズ系で管理運用されてきたが、今後は異なる機関や事業者間においてデータ保管・交換基盤を介して共有され、社会保障費の削減や新ビジネスの創出のために活用されることが望まれる。このようなデータ保管・交換基盤には、自然災害

などが生じた場合でもデータを消失・棄損させることなく事業継続できることが求められる（可用性確保）。そのためには、データを一箇所にまとめて保管・運用するのではなく、離れた場所に安全にバックアップを取っておく必要がある。超長期の機密性、完全性、可用性を保証するためには、現代暗号技術を組み合わせるだけでは不十分である。2.1 節で述べたような Harvest now, decrypt later 攻撃に対抗するためには情報理論的安全性を持ったストレージネットワークが必要であり、そのために、超長期セキュアデータ保管・交換システム (LINCOS) が提案されている。

　LINCOS は、QKD ネットワークと秘密分散技術を組み合わせることにより、情報理論的安全性を持ったデータバックアップ保管を実現できる。秘密分散とは、原本データを無意味化された複数の分散データ（シェア）に変換し、分散データを遠隔地のデータサーバまで秘匿通信して分散保管する技術である。例えば、医療機関が所有する電子カルテの原本データを秘密分散する例について図 5.10 に示す。秘密分散ではシェアのまま加算と乗算を行えるため、原本データの機密性を保持したまま安全に情報処理を行うことが可能である。ただし、計算処理の負荷は一般に高く、実用的な軽量実装は依然として課題となっている。秘密分散と QKD のみではデータの完全性を担保できないため、PQC（2.2 節を参照）を導入して、その署名機能により完全性を保証するのが実用上適切である（2.1 節を参照）。

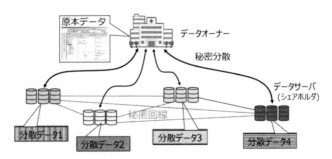

図 5.10　秘密分散を用いたストレージネットワークの利用イメージ例

　このような機能を搭載した LINCOS は、2017 年から Tokyo QKD
Network 上に実装され、現在、電子カルテのサンプルデータなどを用いた
試験運用や企業による実証試験が行われている。その概要と将来の利用イ
メージを図 5.11 に示す。様々なユーザドメインから原本データがゲート
ウェイを介してデータ保管・交換基盤に送られ、秘密分散保管される。そ
の際のアクセス制御やルーティングは制御プレーンで行われ、データサー
バと秘匿回線からなるストレージプレーンで秘密分散や秘匿計算の処理が
行われる。秘匿回線は、AES などの共通鍵暗号でも QKD（正確には量子
暗号）でもよい。前者を用いる場合は量子コンピュータでも解読困難な機
密性を保証し、後者を用いる場合はどんな計算機でも解読不可能な情報理
論的に安全な機密性を保証できる。ゲートウェイで共通のデータフォー
マットに変換することで、異なる機関の間でデータを相互参照し共有する
ことができる。認証やアクセス制御は、PQC に基づく公開鍵認証基盤、
いわゆる、耐量子公開鍵認証基盤から発行される証明書を用いて行われ
る。このように図 5.11 は、PQC、量子暗号、秘密分散などの技術を適材
適所で導入し統合することで超長期の機密性、完全性、可用性、機能性を

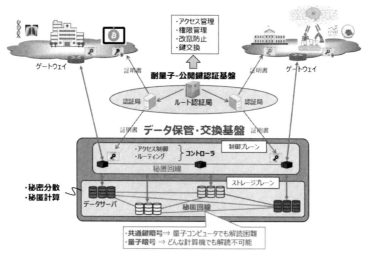

図 5.11　LINCOS の概念と将来の利用イメージ

保証するシステムであり、将来の暗号インフラの一つの姿を示している。

5.5 次世代多層防御セキュリティ技術に向けた今後の検討課題

　本書で述べてきた QKD の様々な活用例を社会実装し実用化するためには、QKD ネットワークをフォトニックネットワークインフラや現代暗号インフラと統合してゆく必要がある。本節では、そのための課題を OSI のレイヤモデルに沿って議論しまとめる。

　IPsec は 1 対 1 の通信をレイヤ 3（ネットワーク層）で暗号化するプロトコルであり、QKD の機能である 2 地点間での安全な暗号鍵共有と機能的な対応がつきやすいこともあり、すでに QKD プラットフォームには IPsec のためのアプリケーションインターフェースが搭載されている。認証やデータの暗号化、送信元と宛先の完全性の保証など従来の IPsec の機能を維持したまま、さらに、フォワードシークラシーを有する暗号鍵によって、データ伝送の完全秘匿化や情報理論的に安全なメッセージ認証機能を付加することができる。

　一方、レイヤ 4 から上位層における SSL や TLS との効果的な連携法や、アプリケーションインターフェースの開発は、今後の検討課題である。現在の技術レベルでは、QKD プラットフォームの暗号鍵のレートや直接配送距離の限界から、インターネット上での広範な鍵供給はまだ困難である。当面は、都市圏規模の重要通信インフラ網などを対象として、QKD プラットフォームと IPsec、SSL や TLS を統合するためのセキュリティアーキテクチャを検討してゆくのが適切であると考えられる。

　暗号鍵供給のレイヤやアプリケーションを拡張する上では、将来の汎用プロトコル化も想定し、レイヤごとにエンディアン（バイト配置方式）やバイト数、パケット構造などの詳細な定義をさらに詳細に吟味する必要がある。また、上位レイヤにおけるアプリケーションの利用拡大に向けては、様々なソフトウェアやプログラミング言語間におけるデータの受け渡しに対応できるように、現在普及してい

る JSON(JavaScript Object Notation)、ORB(Object Request Broker)、RPC(Remote Procedure Call) などに倣ったデータの受け渡し構造を定義し、今後必要となるほかの類似定義については互換表現とした上で、将来の拡張性・互換性を一貫して描写することが重要である。

レイヤ 4 から上位層では、ファイアウォールやアンチマルウェア、さらには運用・監視などによる様々なサイバー攻撃対策が施される。サイバー攻撃対策において近年重要なキーワードとなっているのが、多層防御という概念である。これは、複数の防御の「層」を作り、一つの層が破られても別の層でセキュリティを確保するという概念である（詳細は付録 A.3 を参照）。次世代多層防御セキュリティシステムは、図 5.12 に示すように、上記のような取り組みによって開発されるセキュアフォトニックネットワークを基盤として耐量子計算機暗号技術も導入し、その上に監視・検閲システム、ファイアウォール、アンチマルウェア対策などのサイバー攻撃対策を施したものになると予想される。各レイヤでは、ニーズとコストに見合った最適なセキュリティソリューションを選択できるようにし、システム全体として、より強固な多層防御機能を発揮できるようにアーキテクチャを構築する必要がある。4.1 節で述べた OSI 参照モデルや

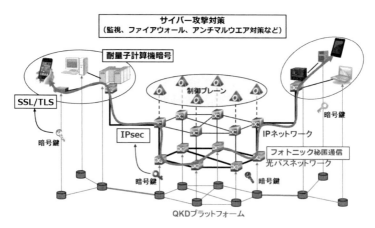

図 5.12　QKD プラットフォームを導入した次世代多層防御セキュリティシステムの利用イメージ例

付録 A.4 で述べる次世代ネットワーク (NGN) をある程度踏襲しながら、新しい情報通信ネットワーク技術の潮流を踏まえ、拡張性、汎用性のある新しい設計概念を構築してゆくことが望まれる。

このようなビジョンの下で、分野連携による研究開発や実証試験、標準化に向けた検討を行うことによって、QKD の新たな活用法や従来のセキュリティ技術との有効な組合せ法が見つかり、新たなアプリケーションや付加価値の創出にも繋がるものと期待される。

付録

A.1　暗号技術の概要

　暗号技術は、原始的な筆記と道具ベースの古典暗号から始まり、エニグマ暗号のような機械式暗号を経て、電子計算機に暗号アルゴリズムを実装する現代暗号へと進化してきた。暗号技術はもともとメッセージの秘匿通信を目的に誕生したが、現代暗号では、このほか認証や署名、鍵交換、電子投票、秘密分散など様々な機能が実現できる。これに対して、QKD やフォトニック秘匿通信など物理的実態の性質を直接的に使う暗号は、物理暗号と呼ばれる。物理暗号自体の機能は、これまでのところ鍵交換と秘匿通信に限られている。

　現在、暗号技術の達成すべき目標（属性）としては以下のようなものが挙げられる。

- **機密性 (confidentiality)**　正当な受信者以外は通信内容を知ることができないこと
- **完全性 (integrity)**　メッセージが改竄されていないこと。改竄がされた場合には復号自体ができなくなる、あるいは復号時に改竄が判明するような仕組みを取ること。
- **真正性 (authenticity)**　間違いなく正規の相手であることを保証（認証）すること。
- **否認防止性（non repudiation）**　署名など過去に実行した行為を否認する主張に対し、証拠能力を提供して否認を防止すること。

　現在のインターネットで広く使われているセキュリティプロトコルには、Secure Socket Layer(SSL) や Transport Layer Security(TLS)、Internet Key Exchange (IKE) protocol などがあり、Web ブラウザ上から認証や署名、鍵交換、そして秘匿通信が行えるようになっている。これらの機能において上記に挙げた属性を実現するために、以下の 3 つの技術要素を組み合わせて使っている。

- **共通鍵暗号（対称鍵暗号）**　暗号化と復号に同じ鍵を使う暗号化方式。あらかじめ、送受信者しか知らない秘密の共通暗号鍵を、何らか

の方法で安全に共有しておく必要がある。通信の機密性を確保する。

- **公開鍵暗号（非対称鍵暗号）** 暗号化と復号に使う鍵が異なり、暗号化鍵から復号鍵を求めること、または復号鍵から暗号化鍵を求めることが難しい暗号方式。公開鍵と秘密鍵の組を使う。用途により、それぞれ、暗号化鍵と復号鍵あるいは復号鍵と暗号化鍵の役割を担う。認証や署名における完全性、真正性、否認防止性を確保する。

- **メッセージ認証コード（Message Authentication Code: MAC）** 事前に共有した共通鍵とメッセージ本体を使って、共通鍵を知らない第三者には生成できない認証コード（MAC 値）を生成してメッセージとともに伝送し、受信者が検証することでメッセージの完全性を確保する方式。否認防止性は持たない。機能自体はハッシュ関数に似ているが、セキュリティ要件は異なる（MAC 関数は選択平文攻撃における存在的偽造に対して耐性がなければならない）。

　具体的には、まず、公開鍵暗号で署名を作り通信相手の認証を行い、その後、データ通信のための共通の暗号鍵を交換する。次に、交換した暗号鍵をもとに共通鍵暗号を用いてデータの秘匿通信を行う。公開鍵暗号は計算処理に時間がかかるため、データ通信すべてを暗号化するのは実用的ではない。そこで、暗号鍵だけを公開鍵暗号でやり取りして、その鍵を使って共通鍵暗号でデータを暗号化して機密性を確保する。

　また、上記の暗号方式を構成するための基本要素としてハッシュ関数（要約関数）がある。これは、任意の長さの入力データに対して暗号変換に似た処理（攪拌処理）を繰り返し施すことにより、一定長（128〜512ビット程度）のデータになるように入力データを圧縮する関数で、出力データをハッシュ値と呼ぶ（メッセージダイジェストやフィンガープリントとも呼ばれる）。圧縮関数の性質上、同じハッシュ値になる異なる入力のペアは必ず存在し、同じハッシュ値になることを衝突という。ハッシュ関数は、攻撃者がどんなに計算時間をかけて巧妙にデータを準備したとしても、衝突を起こすことが困難になるように設計されている。

　現在、最もよく使われる共通鍵暗号としては、トリプル DES(Data Encryption Algorithm) や AES(Advanced Encryption Standard) が知

られている。また、公開鍵暗号としては、DH(Diffie, Hellman) 鍵配送、RSA(Rivest, Shamir, Adleman) 暗号、楕円曲線暗号、ナップザック暗号、ElGamal 暗号、そして、PQC（多変数多項式暗号、符号ベース暗号、格子ベース暗号、超特異同種写像暗号等）などがあり、現在までで一番実績があるのが RSA 暗号である。メッセージ認証コードの代表例としては、ハッシュ関数を利用した HMAC(Hash-based MAC) や共通鍵暗号を利用した CMAC(Cipher-based MAC) がある。ハッシュ関数としては、MD5(Message Digest 5)、SHA(Secure Hash Algorithm)-1、SHA-2、SHA-3、さらに、データのほかにランダムな鍵も入力するユニバーサルハッシュ関数などがある。

A.2 BB84 プロトコルで使われる 4 つの量子信号の状態表現

A.2.1 位相乱雑化されたコヒーレント状態

いろいろな位相のコヒーレント状態 $|\sqrt{\mu}e^{i\theta}\rangle$ が古典統計的に混合した状態は、以下のような密度行列（固有値が非負であり、トレースが 1 となる行列）によって記述される。すなわち、ケットベクトル $|\sqrt{\mu}e^{i\theta}\rangle$ とその共役転置のベクトル（ブラベクトル）$\langle\sqrt{\mu}e^{i\theta}|$ を用いてランク 1 の行列 $|\sqrt{\mu}e^{i\theta}\rangle\langle\sqrt{\mu}e^{i\theta}|$ を構成し、これをあらゆる θ について平均化した行列

$$\hat{\rho} = \frac{1}{2\pi} \int_0^{2\pi} d\theta \, |\sqrt{\mu}e^{i\theta}\rangle\langle\sqrt{\mu}e^{i\theta}| \tag{A.1}$$

が位相乱雑化されたコヒーレント状態の正確な表現である。各コヒーレント状態の成分は、3.2.1 項で述べたように光子数状態の重ね合わせ状態であり

$$|\sqrt{\mu}e^{i\theta}\rangle = e^{-\mu/2} \sum_{n=0}^{\infty} \frac{(\sqrt{\mu}e^{i\theta})^n}{\sqrt{n!}} |n\rangle \tag{A.2}$$

と表現される。この表式を式 (A.1) に代入して積分を実行すると

$$\hat{\rho} = e^{-\mu} \sum_{n=0}^{\infty} \frac{\mu^n}{n!} |n\rangle\langle n| \tag{A.3}$$

という表現が得られる。これは、位相情報の全くない光子数状態が確率 $P(n) = e^{-\mu}\mu^n/n!$ で古典統計的に混合した状態であり、式 (A.2) の「様々な光子数状態が位相を揃えて同時に存在する」重ね合わせ状態とは全く異なる状態である。

A.2.2 BB84 プロトコルで使われる 4 つのタイムビン信号の状態表現

エンコーダから出力される位相乱雑化されたタイムビン信号は以下のような行列で表現される。

$$\hat{\Psi}_{Z0} = \frac{1}{2\pi}\int_0^{2\pi} d\theta\, |\Psi_{Z0}\rangle\langle\Psi_{Z0}| = e^{-\mu}\sum_{n=0}^{\infty}\frac{\mu^n}{n!}\,|n\rangle_{Z0}\langle n|_{Z0} \qquad (A.4)$$

$$\hat{\Psi}_{Z1} = \frac{1}{2\pi}\int_0^{2\pi} d\theta\, |\Psi_{Z1}\rangle\langle\Psi_{Z1}| = e^{-\mu}\sum_{n=0}^{\infty}\frac{\mu^n}{n!}\,|n\rangle_{Z1}\langle n|_{Z1} \qquad (A.5)$$

$$\hat{\Psi}_{Y0} = \frac{1}{2\pi}\int_0^{2\pi} d\theta\, |\Psi_{Y0}\rangle\langle\Psi_{Y0}| = e^{-\mu}\sum_{n=0}^{\infty}\frac{\mu^n}{n!}\,|n\rangle_{Y0}\langle n|_{Y0} \qquad (A.6)$$

$$\hat{\Psi}_{Y1} = \frac{1}{2\pi}\int_0^{2\pi} d\theta\, |\Psi_{Y1}\rangle\langle\Psi_{Y1}| = e^{-\mu}\sum_{n=0}^{\infty}\frac{\mu^n}{n!}\,|n\rangle_{Y1}\langle n|_{Y1} \qquad (A.7)$$

ここで

$$|n\rangle_{Z0} = |n\rangle_F \otimes |0\rangle_S \qquad (A.8)$$

$$|n\rangle_{Z1} = |0\rangle_F \otimes |n\rangle_S \qquad (A.9)$$

$$|n\rangle_{Y0} = \frac{1}{\sqrt{2^n}}\sum_{m=0}^{n} i^m \sqrt{\binom{n}{m}}\,|n-m\rangle_F \otimes |m\rangle_S \qquad (A.10)$$

$$|n\rangle_{Y1} = \frac{1}{\sqrt{2^n}}\sum_{m=0}^{n} (-i)^m \sqrt{\binom{n}{m}}\,|n-m\rangle_F \otimes |m\rangle_S \qquad (A.11)$$

はタイムビンパルスの 2 モード多重された光子数状態であり、$\binom{n}{m} = \dfrac{n!}{m!(n-m)!}$ は組合せの係数である。これらの 4 種類の状態はタイムビンパルスの形状が図 3.14 の Z0, Z1, Y0, Y1 のように異なるものの、いずれも n 個の光子を含む状態である。同じ基底の異なるビット間

$Z0$ と $Z1$、$Y0$ と $Y1$ では ${}_{Z0}\langle n|n\rangle_{Z1} = 0 \ {}_{Y0}\langle n|n\rangle_{Y1} = 0$ となり互いに直交するが、異なる基底間では

$$ {}_{Z0}\langle n|n\rangle_{Y0} \neq 0, \quad {}_{Z0}\langle n|n\rangle_{Y1} \neq 0, $$
$$ {}_{Z1}\langle n|n\rangle_{Y0} \neq 0, \quad {}_{Z1}\langle n|n\rangle_{Y1} \neq 0, \tag{A.12} $$

となり互いに非直交状態の関係にある。

A.3　多層防御セキュリティ

　多層防御は、サイバー空間におけるセキュリティ対策において重要なキーワードとなっている。これは、複数の防御の層を作り、一つの層が破られても別の層でセキュリティを確保する対策である。もともとは軍事用語（縦深防御、defense in depth）から来ている。実際、「情報通信技術を用いて情報がやり取りされる、インターネットその他の仮想的な空間」いわゆるサイバー空間は、今や様々な社会活動の基盤となる一方で、多様化し高度化するサイバー攻撃によって軍事的戦場の一つとして認識されるようになっている。サイバー攻撃者は、標的とする組織から情報を窃取や改竄する、あるいはシステムの作動停止や誤作動を引き起こすことで、様々な被害を与える。現代の攻撃者は、目的を達成するためにいくつもの手口を複雑に組み合わせ、時には新たな手法を開発して、標的とする相手に全く気付かれないよう攻撃を実行してくる。そのため、攻撃源の特定は困難であり、サイバー攻撃を抑止することも困難である。

　したがって、サイバー攻撃から防御する側も何重にもわたる防御方法、いわゆる多層防御セキュリティ技術が必要となってくる（図 A.1）。情報通信システムは多種多様なハードウェア、ミドルウェア、ソフトウェアからなっており、各階層で個別のセキュリティ対策が必要とされる。例えば、ネットワーク境界におけるファイアウォールの設置や不正侵入・ウイルス攻撃の検知、信号の経路設定、ネットワークにおける IPsec の実装とデータ暗号化およびユーザ認証、各端末における更新プログラムや管理者パスワードの管理など、を各階層で行う。しかし、例えば「SSL だけは自

信がある」「ファイアウォール設定には時間をかけた」といっても、他の
階層に適切な対策が施されていなければ、システム全体のセキュリティが
脆弱になる。さらに、個々のセキュリティ対策に連携を持たせ、対策間の
安全性担保領域の間隙を埋め、安全対策の多重化を進めてゆくことも重要
である。これまでは、新たな脅威が出現するたびにその脅威への対抗策を
導入することが多かった。バラバラに導入されたセキュリティ対策は一貫
性を欠き、セキュリティ対策全体では隙間だらけになっていることも多
い。その隙間を突く新たな脅威が出現すると、対策手法をさらに導入する
こととなり、際限がなくなる。

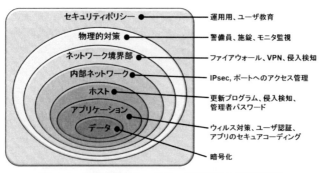

図 A.1　多層防御セキュリティの標準的な階層モデル

　こうしたアプローチを繰り返すのではなく、各階層でバランス良くセ
キュリティ強化を施し、それらに一貫性を持たせて個々の対策の隙間をで
きる限り埋め、全体的なセキュリティレベルを適正なコストで高めていく
のが多層防御の基本的コンセプトであり、情報セキュリティ分野において
標準的なものになりつつある。
　これまでの多層防御セキュリティにおける主な想定脅威は、悪意のある
ソフトウェア（いわゆるマルウェア）によるサイバー攻撃である。イン
ターネットを介してウェブアクセスやメールから 1 台のパソコンに感染
し、増殖しながら不正なプログラムを実行して、データを抜き取ったり業
務を妨害したりする。しかし現在、セキュリティ脅威は、最新の情報通

信技術 (ICT) を用いた通信路の傍受と高度な計算技術による暗号解読、ネットワークスイッチへの撹乱や乗っ取りなど、個々のパソコンやサーバにとどまらず、情報通信インフラのコアとなる通信路やネットワーク制御機器においても深刻化している。このような攻撃や撹乱はインフラ全体に影響を及ぼすものであり、一度起こればその被害は甚大であるため、事前の防御策が極めて重要である。

A.4 次世代ネットワーク (NGN)

A.4.1 NGN のアーキテクチャと基本参照モデル

インターネットプロトコル (IP) の登場と光ファイバー通信技術の進展によって、安くて小さな IP ルータさえあれば世界中のパソコンを繋ぐことが可能になり、その利便性と経済性から 1990 年代以降インターネットが一気に普及した。従来の電話網では、音声伝送のために電子交換機による回線交換に基づいてネットワークが構成されてきたのに対し、インターネットでは、データ通信を主な目的としデータを小分けにしたパケットの交換によってネットワークが構成される。2000 年代以降、音声通信よりデータ通信の需要が増加し、開発・維持コストの面で回線交換網よりパケット通信網の方が有利となり、インターネットを使用して音声通信を行うインターネット電話が広く使用されるようになっている。しかし、インターネットは誰でも簡単にアクセスできる一方、通信の管理は電話網に比べると必ずしも万全ではない。またベストエフォート型のサービスであり、セキュリティの面においても弱点がある。そこで、IP ネットワークの長所をとりいれて通信網を再構築しようとしているのが NGN （Next Generation Network、次世代ネットワーク）である。

通信に関する標準化を行う国際機関である ITU (International Telecommunication Union) による NGN の定義は以下のようになっている。

NGN 通信事業者が構築する IP ベースのネットワークで、音声や

動画の統合されたサービスを提供する。インターネットとは異なり、通信品質やセキュリティが確保されている。

NGN は、単にインターネットが進化したものではなく、インターネットの一部でもない。むしろ従来の電子交換機に代わり IP ルータを用いた公衆電話網のバックボーンと捉えた方がより的確である。回線はメタル線ではなくほとんど光ファイバーになっており、そして、これまでの音声通話のほか TV 電話やデータ伝送もできるようになっている。

NGN では、TCP/IP 技術を活用しつつ信頼性・安心安全性を維持するという情報転送（トランスポート）の観点と、今後発生する様々なサービスに対し共通の通信基盤となり得るサービス提供基盤の観点に基づいて、OSI 参照モデルとは異なったアーキテクチャが採られている。その一般原則と参照モデルは ITU-T 勧告 Y.2011(2004 年 10 月）で規定され、特徴の一つとして、サービスの制御とデータ伝送を分離していることが挙げられる。Y.2011 勧告では、NGN をストラタムとプレーンによって構成されるネットワークであるとしており、ストラタムおよびプレーンそれぞれの観点から構成エレメントを定義している。ストラタムとはデータの伝送やリソース管理といった特定の機能を提供するパーツであり、プレーンとは、ストラタム内のデータ転送に使用される機能あるいはストラタム内のエンティティの制御や管理のために使用される機能である。

つまり NGN は、図 A.2 に示すように、サービス制御を行うサービスストラタムとデータ伝送を司るトランスポートストラタムにより構成され、各ストラタムはそれぞれ、データプレーン、制御プレーン、管理プレーンによって構成される。

サービスストラタムは、任意のユーザ間の発着信設定やサービスごとのセッション確立と認証、デジタルコンテンツの配信など、複数サービスに共通性の高い機能群と、サービスリソースおよびネットワークサービスの制御・管理機能を提供する。

トランスポートストラタムは、サービス品質とセキュリティを確保した上で IP パケットをエンド・エンドで転送するデータの伝送機能とそれに必要なリソースの制御・管理機能を提供する。また、ユーザ同士の接続、

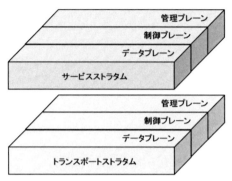

図 A.2　2 つのストラタムと 3 つのプレーンからなる NGN の参照モデル

ユーザと事業者のサービスプラットフォームの接続、事業者間のサービスプラットフォーム同士の接続の機能を提供する。

図 A.3 に、アーキテクチャの概要、および各部の基本機能とそれらの関連性を示す。各ストラタム内の機能群は、

- ITU-T,“Functional requirements and architecture of the NGN,”

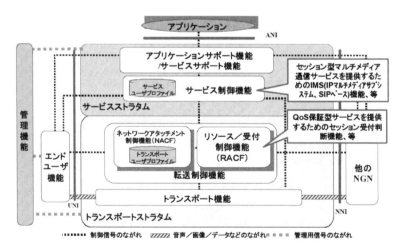

図 A.3　NGN のアーキテクチャと基本機能モデル（出典：電子情報通信学会「知識ベース」、S1 群（情報環境とメディア）- 6 編（次世代ネットワーク）2 章 NGN アーキテクチャ（執筆者：森田直孝））

Recommendation Y.2012, 2006.

- 社団法人情報通信技術委員会，"NGN アーキテクチャの概要,"
  TR-1014, 2006.

において細分規定されている。また、NGN と外部との接続点は通信網の動作規定に不可欠であり、端末との接続点である UNI(User Network Interface)、他 NGN 事業者との接続点である NNI(Network Node Interface)、アプリケーションとの接続点である ANI(Application Network Interface) が規定されている。

A.4.2 NGN のセキュリティ

ITU-T では、NGN に対する攻撃や脅威の分析、セキュリティの前提となる信頼関係のモデル、セキュリティ目標と要求条件などが、NGN セキュリティ要求条件として

- ITU-T, "Security requirements for NGN release 1", Recommendation, Y.2701, 2006.

において規定されている。具体的には、ユーザを収容している回線の情報を利用した強固な認証、契約している端末あるいはサービス属性に応じたサービス利用の許可、ならびに、通信の開始・終了に応じたファイヤウォールの開閉、セッションレベルの網間ゲートウェイ装置などにより不当な通信を排除する。

また、NGN の通信の一般的なセキュリティ要件は、ITU-T 勧告 X.805 "Security architecture for systems providing end-to-end communications" のコンセプトに基づいている。X.805 勧告は、標準的な課題解決を行うために、セキュリティディメンジョン、セキュリティレイヤ、セキュリティプレーンという概念を用いる。

セキュリティディメンジョンはネットワークセキュリティの特定の側面に対処するためのセキュリティ対策であり、以下の 8 の対策を規定している。

1. アクセス制御

2. 認証

3. 否認防止

4. データの機密性確保

5. 通信のセキュリティ

6. データの完全性

7. 可用性

8. プライバシー

セキュリティレイヤはネットワーク機器およびネットワーク設備の階層を意味し、以下の3つの階層を定義している。

1. インフラストラクチャセキュリティレイヤ

セキュリティディメンジョンによって保護されたネットワーク伝送設備と個々のネットワーク機器。ルータ、スイッチ、サーバといった、ネットワーク、サービス、アプリケーションの基本的な構成要素を表している。

2. サービスセキュリティレイヤ

サービスプロバイダが顧客に提供するサービスのセキュリティ。サービスは、基本的な伝送サービスから、付加価値サービスまで多岐にわたる。サービスプロバイダと顧客の双方を保護するために使用される。

3. アプリケーションセキュリティレイヤ

サービスプロバイダの顧客がアクセスするネットワークベースアプリケーションのセキュリティウェブ、電子メール、電子商取引、CRMアプリケーションなど。

セキュリティプレーンはセキュリティディメンジョンによって保護されるネットワーク活動を意味し、以下の3つのプレーンを定義している（図A.2で触れたY.2011勧告の「プレーン」とは直接的な対応関係はないが、類似の概念である）。

1. **マネジメントセキュリティプレーン**

   ネットワークエレメント、伝送設備、バックオフィスシステム、デー
   タセンタの運用、管理、メンテナンス、供給に関する機能の保護を
   行う。

2. **制御セキュリティプレーン**

   ネットワーク経由での情報、サービス、アプリケーションの効率的な
   配信を実現するための活動の保護、伝送機器間での制御情報の保護な
   どが該当する。

3. **エンドユーザセキュリティプレーン**

   サービスプロバイダのネットワークへのアクセスや利用に関わるセ
   キュリティ。

　図 A.4 に、セキュリティディメンジョン、セキュリティレイヤ、セキュ
リティプレーンと、脆弱性、脅威、攻撃との関係を示す。X.805 勧告にお
いては、セキュリティを扱う際に、3 つのセキュリティレイヤと 3 つのセ
キュリティプレーンの組合せをベースとしたアプローチが取られる。つま
り、この組合せによって生成されるマトリックスの 9 個の要素それぞれ
に固有の脆弱性と脅威があり（図の右側の矢印）、前記の 8 つのディメン
ジョンにより、これらの脆弱性と脅威に対処するというのが、X.805 勧告

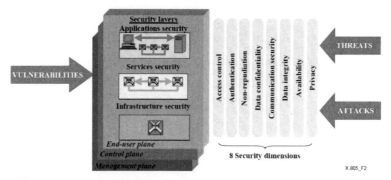

図 A.4　セキュリティディメンジョン、セキュリティレイヤ、セキュリティプ
　　　　レーンと脆弱性 (Vulnerabilities)、脅威 (Threats)、攻撃 (Attacks)
　　　　との関係

におけるセキュリティの基本的な考え方である。

A.4.3　NGN によって解決されるセキュリティ上の課題

　NGN はプラットフォーム自体をセキュアなものにしようとしている。インターネットではユーザの PC やタブレット端末のソフトウェアを絶え間なくアップデートしなければならないが、プラットフォーム自体がセキュアであれば、ある種のコンピュータウイルスも排除でき、安全なネットワークの構築が容易となる。ルーティングインフラストラクチャのセキュリティはそのためのトッププライオリティである。携帯電話には、そのような（プラットフォーム自体の）セキュリティが必要であり、セキュリティ機能を常に有効にしておく必要がある。また、ソフトウェアのアップグレードを自動化する必要があるが、携帯電話については、配送上の困難が伴うことから、現状では有効な方法がない。ただし、QKD プラットフォームを NGN へ導入することにより、上記の課題の一部を解決できることが期待できる。具体的な例は、5.5 節で述べた通りである。

本節は、

- 電子情報通信学会「知識ベース」、S1 群（情報環境とメディア）- 6 編（次世代ネットワーク）
- 独立行政法人情報処理推進機構「次世代ネットワークに関する世界的な動向調査報告書」（2007 年 4 月）

を参考に執筆した。

参考文献

[1] Press release: "ADVA FSP 3000 powers UK's first quantum network", 13th June 2018. https://www.advaoptical.com/en/newsroom/press-relea ses/20180613-adva-fsp-3000-powers-uks-first-quantum-network

[2] A. Acín, N. Brunner, N. Gisin, S. Massar, S. Pironio, and V. Scarani. Device-independent security of quantum cryptography against collective attacks. *Physical Review Letters*, Vol. 98, No. 23, June 2007.

[3] G. Alagic, J. Alperin-Sheriff, D. Apon, D. Cooper, Q. Dang, Y. Liu, C. Miller, D. Moody, R. Peralta, R. Perlner, A. Robinson, and D. Smith-Tone. Status report on the first round of the NIST post-quantum cryptography standardization process. January 2019.

[4] C. H. Bennett and G. Brassard. Quantum cryptography: public key distribution and coin tossing. In *Proceedings of the IEEE International Conference on Computers Systems and Signal Processing, Bangalore, India*, pp. 175–179. IEEE, New York, 1984.

[5] J. Braun, J. Buchmann, D. Demirel, M. Geihs, M. Fujiwara, S. Moriai, M. Sasaki, and A. Waseda. LINCOS. In *Proceedings of the 2017 ACM on Asia Conference on Computer and Communications Security - ASIA CCS '17*. ACM Press, 2017.

[6] J. A. Buchmann. Post-Quantum Cryptography - An overview. Tutorial talk in the afternoon session on Oct. 2, The Fifth International Conference on Quantum Cryptography (QCrypt2015), Tokyo, Sept. 28 – Oct. 2, 2015. Recorded video and slides are available in http://2015.qcrypt.net/scientific-program/ (link broken)

[7] L. Carter and M.N. Wegman. New hash functions and their use in authentication and set equality. *J. Comput. Syst. Sci*, Vol. 22, pp. 265–279, 1981.

[8] Y. Chen and P. Nguyen. BKZ20: Better lattice security estimate. In *ASIACRYPT 2011*.

[9] CRYPTREC (Cryptography Research and Evaluation Committees). 「耐量子計算機暗号の研究動向調査報告書」. https://www.cryptrec.go.jp/repor t/cryptrec-tr-2001-2022.pdf

[10] D-Wave Systems. http://www.dwavesys.com/

[11] "特許第 6544519 号 「移動体制御システム」佐々木雅英、藤原幹生、市原和雄. (2019 年 6 月 28 日登録)".

[12] A. K. Ekert. Quantum cryptography based on bell's theorem. *Physical*

Review Letters, Vol. 67, No. 6, pp. 661–663, August 1991.

[13] C. Elliott, A. Colvin, D. Pearson, O. Pikalo, J. Schlafer, and Henry Yeh. Current status of the DARPA Quantum Network (Invited Paper). In *Quantum Information and Computation III, Proc. SPIE*, Vol. 5815, pp. 138–149, Orlando, Florida, March 2005.

[14] T. A. Eriksson, T. Hirano, B. J. Puttnam, G. Rademacher, R. S. Lu'is, M. Fujiwara, R. Namiki, Y. Awaji, M. Takeoka, N. Wada, and M. Sasaki. Wavelength division multiplexing of continuous variable quantum key distribution and 18.3 tbit/s data channels. *Communications Physics*, Vol. 2, Issue1, 9, 2019.

[15] "特許第 5875047 号 「量子鍵配送を利用した電子カルテの伝送方法及びシステム」藤原幹生、佐々木雅英. (2016 年 1 月 26 日登録)".

[16] M. Fujiwara, T. Domeki, S. Moriai, and M. Sasaki. Highly Secure Network Switches with Quantum Key Distribution Systems. *Int. J of Network Security*, Vol. 17, No. 1, pp. 34–39, January 2015.

[17] M. Fujiwara, A. Waseda, R. Nojima, S. Moriai, W. Ogata, and M. Sasaki. Unbreakable distributed storage with quantum key distribution network and password-authenticated secret sharing. *Scientific Reports*, Vol. 6, No. 1, July 2016.

[18] M. Fujiwara, S. Miki, T. Yamashita, Z. Wang, and M. Sasaki. Photon level crosstalk between parallel fibers installed in urban area. *Opt. Express*, Vol. 18, No. 21, pp. 22199–22207, 2010.

[19] N. Gisin, G. Ribordy, W. Tittel, and H. Zbinden. Quantum cryptography. *Reviews of Modern Physics*, Vol. 74, No. 1, pp. 145–195, March 2002.

[20] Google Quantum Artificial Intelligence Laboratory. https://plus.google.co m/+QuantumAILab/posts, http://www.technologyreview.com/news/53 0516/google-launches-effort-to-build-its-own-quantum-computer/

[21] L. K. Grover. A fast quantum mechanical algorithm for database search. In *Proceedings of 28th Annual ACM Symposium on the Theory of Computing (STOC)*, pp. 212–219, May 1996.

[22] L. K. Grover. Quantum Mechanics helps in searching for a needle in a haystack. *Phys. Rev. Letters*, Vol. 78, No. 2, pp. 325–328, 1997.

[23] L. K. Grover. From Schrödinger's equation to quantum search algorithm. *American J. Physics*, Vol. 69, No. 7, pp. 769–777, 2001.

[24] C. W. Helstrom. Detection theory and quantum mechanics. *Inform. Contr.*, Vol. 10, pp. 254–291, 1967.

[25] C. W. Helstrom. *Quantum Detection and Estimation Theory*. Academic Press, New York, 1976.

[26] ID Quantique SA. http://www.idquantique.com/

[27] ID Qunatique. "ID Quantique partners with SK Telecom, 26th February 2018". https://www.idquantique.com/id-quantique-sk-telecom-join-forces/

[28] IEEE1363.1, Public-Key Cryptographic Techniques Based on Hard Problems over Lattices (2009).

[29] IPUSIRON. 『暗号技術のすべて』. 3.5 節, 4.3 節. 翔泳社, 2017.

[30] K. Kitayama, M. Sasaki, S. Araki, M. Tsubokawa, A. Tomita, K. Harasawa K. Inoue, Y. Nagasako, and A. Takada. Security in photonic networks:potential threats and security enhancement. *J. Lightw. Technol.*, Vol. 29, No. 21, pp. 3210–3222, Nov. 2011.

[31] S. Liao, W. Cai, J. Handsteiner, B. Liu, *et al.* Satellite-relayed intercontinental quantum network. *Phys. Rev. Lett.*, Vol. 120, p. 030501, Jan 2018.

[32] S. Liao, W. Cai, W. Liu, L. Zhang, *et al.* Satellite-to-ground quantum key distribution. *Nature*, Vol. 549, No. 7670, pp. 43–47, Aug. 2017.

[33] H. Lo, M. Curty, and B. Qi. Measurement-device-independent quantum key distribution. *Physical Review Letters*, Vol. 108, No. 13, pp. 130503–130508, March 2012.

[34] M. Lucamarini, Z. L. Yuan, J. F. Dynes, and A. J. Shields. Overcoming the rate–distance limit of quantum key distribution without quantum repeaters. *Nature*, Vol. 557, No. 7705, pp. 400–403, May 2018.

[35] MagiQ Technologies, Inc. http://www.magiqtech.com/Home.html

[36] "特許第 5791112 号 「通信方法 及び 通信システム」藤原 幹生、佐々木 雅英. (2015 年 8 月 14 日登録)".

[37] NASA Quantum Artificial Intelligence Laboratory. http://www.nas.nasa.gov/quantum/

[38] National Institute of Standerds and Technology (NIST), Conputer Security Resource Center. Project: Post-Quantum Cryptography. https://csrc.nist.gov/projects/post-quantum-cryptography

[39] NEC プレスリリース 2015 年 9 月 28 日. NEC、量子暗号システムの実用化に向けた評価実験をサイバーセキュリティ・ファクトリーで開始. http://jpn.nec.com/press/201509/20150928_03.html.

[40] NICT プレスリリース 2015 年 9 月 28 日. ドローンの通信の安全性を強化する技術を開発. http://www.nict.go.jp/press/2015/09/28-1.html

[41] NSA. Cryptography Today. https://www.nsa.gov/ia/programs/suiteb_cryptography/, Aug 2015.

[42] M. Peev, C. Pacher, R. Alléaume, C. Barreiro, *et al.* The SECOQC quantum key distribution network in Vienna. *New. J. Phys.*, Vol. 11, pp. 075001/1–37, July 2009.

129

[43] C. Peikert. Lattice Cryptography for the Internet. *Lecture Notes in Computer Science*, Vol. 8772, pp. 197–219, 2014.

[44] Quantum Key Distribution - Industry Specification Group (QKD-ISG), European Telecommunications Standards Institute. http://www.etsi.org/technologies-clusters/technologies/quantum-key-distribution

[45] Quantum-Safe Cryptography Industry Specification Group (QSC-ISG), European Telecommunications Standards Institute. Quantum Safe Cryptography and Security. Technical Report ETSI White Paper No. 8, June 2015. ISBN No. 979-10-92620-03-0.

[46] Quantum Xchange. https://quantumxc.com/

[47] QuintessenceLabs Pty Ltd. http://www.quintessencelabs.com/

[48] Recomendation for Key Management: Part 1: General. http://csrc.nist.gov/publications/nistpubs/800-57/sp800-57_part1_rev3_general.pdf

[49] M. Sasaki. QKD Platform and its Applications. Presentation in Part II: Fiber Network, The Fourth International Conference on Updating Quantum Cryptography and Communications (UQCC 2015), Tokyo, Sept. 28, 2015. Recorded video is available in http://2015.uqcc.org/program/index.html

[50] M. Sasaki. Tokyo Free Space Optical Testbed. Presentation in Part III: Space Network, The Fourth International Conference on Updating Quantum Cryptography and Communications (UQCC 2015), Tokyo, Sept. 28, 2015. Recorded video is available in http://2015.uqcc.org/program/index.html

[51] M. Sasaki, M. Fujiwara, H. Ishizuka, W. Klaus, *et al.* Field test of quantum key distribution in the Tokyo QKD Network. *Optics Express*, Vol. 19, pp. 10387–10409, 2011.

[52] M. Sasaki. Quantum key distribution and its applications. *IEEE Security & Privacy*, Vol. 16, No. 5, pp. 42–48, September 2018.

[53] M. Sasaki, M. Fujiwara, R. Jin, M. Takeoka, T. Han, H. Endo, K. Yoshino, T. Ochi, S. Asami, and A. Tajima. Quantum photonic network: Concept, basic tools, and future issues. *IEEE Journal of Selected Topics in Quantum Electronics (Invited Paper)*, Vol. 21, No. 3, pp. 49–61, May 2015.

[54] V. Scarani, H. Bechmann-Pasquinucci, N. J. Cerf, M. Dusek, and Momtchil Peev Norbert Lütkenhaus. The Security of Practical Quantum Key Distribution. *Review of Modern Physics*, Vol. 81, pp. 1301–1353, September 2009.

[55] A. Shamir. How to share a secret. *Communications of the ACM*, Vol. 22, No. 11, pp. 612–613, Nov. 1979.

[56] P. W. Shor. Algoritms for quantum computation: discrete logarithms and

factoring. In Shafi Goldwasser, editor, *Proceedings of the 35th Symposium on Foundations of Computer Science, Los Alamitos*, pp. 124–134. IEEE Computer Society Press, 1994.

[57] A. Tajima, T. Kondoh, T. Ochi, M. Fujiwara, K. Yoshino, H. Iizuka, T. Sakamoto, A. Tomita, E. Shimamura, S. Asami, and M. Sasaki. Quantum key distribution network for multiple applications. *Quantum Science and Technology*, Vol. 2, No. 3, p. 034003, July 2017.

[58] Y. Tang, H. Yin, X. Ma, C. F. Fung, Y. Liu, H. Yong, T. Chen, C. Peng, Z. Chen, and J. Pan. Source attack of decoy-state quantum key distribution using phase information. *Physical Review A*, Vol. 88, No. 2, pp. 022308/1–9, August 2013.

[59] The Project UQCC (Updating Quantum Cryptography and Communications). http://www.uqcc.org/

[60] T. Spiller, University of York. "The UK perspective: The Quantum Communications Hub". https://docbox.etsi.org/Workshop/2017/201709 _ETSI_IQC_QUANTUMSAFE/TECHNICAL_TRACK/S01_WORL D_TOUR/UNIofYORK_SPILLER.pdf

[61] M. Toyoshima, H. Takenaka, Y. Shoji, Y. Takayama, M. Takeoka, M. Fujiwara, and M. Sasaki. Polarization-Basis Tracking Scheme in Satellite Quantum Key Distribution. *Int. J. Opt.*, Vol. 2011, pp. 254154/1–8, 2011.

[62] N. Walenta, D. Caselunghe, S. Chuard, *et al.* Towards a North American QKD Backbone with Certifiable Security. Contributed talk in the afternoon session on Sept. 28, The Fifth International Conference on Quantum Cryptography (QCrypt2015), Tokyo, Sept. 28 – Oct. 2, 2015. http://2015.qcrypt.net/scientific-program/

[63] W. K. Wootters and W. H. Zurek. A single quantum cannot be cloned. *Nature*, Vol. 229, pp. 802–803, 1982.

[64] ZDNet. "SK Telecom applies quantum key to Deutsche Telekom network". https://www.zdnet.com/article/sk-telecom-applies-quantum-key -to-deutsche-telekom-network/

[65] Q. Zhang. Quantum Network in China. Presentation in Part V: Relay Talk and Discussion, The Fourth International Conference on Updating Quantum Cryptography and Communications (UQCC 2015), Tokyo, Sept. 28, 2015. Recorded video and slide are available in http://2015.uqcc.org/pr ogram/index.html

[66] Q. Zhang, F. Xu, Y. Chen, C. Peng, and J. Pan. Large scale quantum key distribution: challenges and solutions [invited]. *Optics Express*, Vol. 26, No. 18, pp. 24260–24273, Aug. 2018.

[67] 東芝プレスリリース 2015 年 6 月 18 日. 盗聴が理論上不可能

な量子暗号通信システムの実証試験の開始について. http://www.toshiba.co.jp/about/press/2015_06/pr_j1801.htm

索引

執筆・編集協力者

　本書は、一般社団法人量子 ICT フォーラムの量子鍵配送技術推進委員会のもとで、以下の委員および関係協力者により編纂され上梓されたものである。

量子鍵配送技術推進委員会・委員

役割	名前	所属	担当
主筆・監修	佐々木 雅英	国立研究開発法人 情報通信研究機構 オープンイノベーション推進本部	全章
執筆	富田 章久	国立大学法人 北海道大学 情報科学研究院 情報エレクトロニクス部門 先端エレクトロニクス分野	第 3 章
査読	小芦 雅斗	国立大学法人 東京大学 大学院工学系研究科 光量子科学研究センター	全章
査読	伊東 洋一郎	日本電気株式会社 ナショナルセキュリティ・ソリューション事業部	全章
査読	谷澤 佳道	株式会社東芝 研究開発センター	全章
査読	平野 琢也	学校法人 学習院 学習院大学 理学部物理学科	全章
査読	越智 貴夫	日本電気株式会社 ナショナルセキュリティ・ソリューション事業部	第 4 章
査読	小林 宏明	国立研究開発法人 情報通信研究機構 未来 ICT 研究所量子 ICT 先端開発センター	全章
査読	佐々木 寿彦	国立大学法人 東京大学 大学院工学系研究科 光量子科学研究センター	第 3 章
査読	武岡 正裕	慶応義塾大学理工学部電気情報学科	全章
執筆／査読	玉木 潔	国立大学法人 富山大学 学術研究部工学系	第 3 章／全章
査読	鶴丸 豊広	三菱電機株式会社 情報技術総合研究所	全章
査読	福田 大治	国立研究開発法人 産業技術総合研究所 物理計測標準部門量子光計測研究グループ	全章
査読	藤原 幹生	国立研究開発法人 情報通信研究機構 量子 ICT 協創センター	全章
査読	松尾 正克	デロイトトーマツサイバー合同会社	全章
査読	松本 隆太郎	国立大学法人 名古屋大学 工学研究科 情報・通信工学専攻	全章
査読	吉野 健一郎	日本電気株式会社 データサイエンス研究所	全章

関係協力者

役割	名前	所属	担当
査読	加藤 豪	日本電信電話株式会社 コミュニケーション科学基礎研究所	全章
査読	釼吉 薫	国立研究開発法人 情報通信研究機構 イノベーション推進部門	第 1 章（標準化）
査読	田島 章雄	（元）日本電気株式会社 システムプラットフォーム研究所	第 1、4 章
査読	並木 亮	学校法人 学習院 学習院大学 理学部物理学科	全章
編集	松尾 昌彦	国立研究開発法人 情報通信研究機構 未来 ICT 研究所 量子 ICT 先端開発センター	全章

謝辞

　本書で紹介した内容の一部は、内閣府・戦略的イノベーション創造プログラム (SIP)「光・量子を活用した Society 5.0 実現化技術」および総務省「ICT 重点技術の研究開発プロジェクト (JPMI00316)」の支援を受けて実施した成果に基づいています。

◎本書スタッフ
編集長：石井 沙知
編集：石井 沙知
組版協力：阿瀬 はる美，高山 哲司
表紙デザイン：tplot.inc 中沢 岳志
技術開発・システム支援：インプレス NextPublishing

●本書の内容についてのお問い合わせ先
近代科学社Digital　メール窓口
kdd-info@kindaikagaku.co.jp
件名に「『本書名』問い合わせ係」と明記してお送りください。
電話やFAX，郵便でのご質問にはお答えできません。返信までには，しばらくお時間をい
ただく場合があります。なお，本書の範囲を超えるご質問にはお答えしかねますので，あ
らかじめご了承ください。

量子鍵配送
基礎と活用法

2023年10月27日　初版発行Ver.1.0

監　修	佐々木 雅英
編　者	一般社団法人量子ICTフォーラム量子鍵配送技術推進委員会
発行人	大塚 浩昭
発　行	近代科学社Digital
販　売	株式会社 近代科学社
	〒101-0051
	東京都千代田区神田神保町1丁目105番地
	https://www.kindaikagaku.co.jp

印刷・製本　京葉流通倉庫株式会社
Printed in Japan

ISBN978-4-7649-0669-3

近代科学社 Digital は、株式会社近代科学社が推進する21世紀型の理工系出版レーベルです。デジタルパワーを積極活用することで、オンデマンド型のスピーディでサステナブルな出版モデルを提案します。

近代科学社 Digital は株式会社インプレス R&D が開発したデジタルファースト出版プラットフォーム "NextPublishing" との協業で実現しています。

あなたの研究成果、近代科学社で出版しませんか？

▶ 自分の研究を多くの人に知ってもらいたい！
▶ 講義資料を教科書にして使いたい！
▶ 原稿はあるけど相談できる出版社がない！

そんな要望をお抱えの方々のために
近代科学社 Digital が出版のお手伝いをします！

近代科学社 Digital とは？

ご応募いただいた企画について著者と出版社が協業し、プリントオンデマンド印刷と電子書籍のフォーマットを最大限活用することで出版を実現させていく、次世代の専門書出版スタイルです。

近代科学社 Digital の役割

- （執筆支援）編集者による原稿内容のチェック、様々なアドバイス
- （制作製造）POD 書籍の印刷・製本、電子書籍データの制作
- （流通販売）ISBN 付番、書店への流通、電子書籍ストアへの配信
- （宣伝販促）近代科学社ウェブサイトに掲載、読者からの問い合わせ一次窓口

近代科学社 Digital の既刊書籍 （下記以外の書籍情報は URL より御覧ください）

詳解 マテリアルズインフォマティクス
著者：船津公人／井上貴央／西川大貴
印刷版・電子版価格(税抜)：3200円
発行：2021/8/13

超伝導技術の最前線［応用編］
著者：公益社団法人 応用物理学会
超伝導分科会
印刷版・電子版価格(税抜)：4500円
発行：2021/2/17

AIプロデューサー
著者：山口 高平
印刷版・電子版価格(税抜)：2000円
発行：2022/7/15

詳細・お申込は近代科学社 Digital ウェブサイトへ！
URL: https://www.kindaikagaku.co.jp/kdd/

近代科学社Digital
教科書発掘プロジェクトのお知らせ

教科書出版もニューノーマルへ！
オンライン、遠隔授業にも対応！
好評につき、通年ご応募いただけるようになりました！

近代科学社 Digital　教科書発掘プロジェクトとは？

・オンライン、遠隔授業に活用できる
・以前に出版した書籍の復刊が可能
・内容改訂も柔軟に対応
・電子教科書に対応

　何度も授業で使っている講義資料としての原稿を、教科書にして出版いたします。書籍の出版経験がない、また地方在住で相談できる出版社がない先生方に、デジタルパワーを活用して広く出版の門戸を開き、世の中の教科書の選択肢を増やします。

教科書発掘プロジェクトで出版された書籍

情報を集める技術・伝える技術
著者：飯尾 淳
B5判・192ページ
2,300円（小売希望価格）

代数トポロジーの基礎
——基本群とホモロジー群——
著者：和久井 道久
B5判・296ページ
3,500円（小売希望価格）

学校図書館の役割と使命
——学校経営・学習指導にどう関わるか
著者：西巻 悦子
A5判・112ページ
1,700円（小売希望価格）